# 农业气象实验实习指导

主编:塔依尔　胡晓棠　王海江　姜　艳

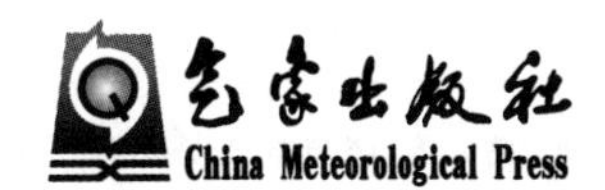

## 内容简介

《农业气象实验实习指导》是“农业气象学”课程的配套实验环节指导教材，系统地介绍各种基本气象要素的观测仪器、观测方法和观测资料的整理分析方法。全书分为9个实验和1个实习内容，实验一、二、三、四部分主要介绍辐射、温度、水分和气压的观测，为农业气象学基本要素观测方法；实验五、六、七部分主要介绍了温室小气候、农田小气候、农田防护林小气候的具体观测方法，为进一步观测各类小气候环境特征，进行小气候环境监测和管理打下基础；实验八主要介绍了自动气象站基本原理及其应用，将现代农业自动气象观测站的组成、功能、测定原理和应用优势进行讲解；实验九主要介绍了农业气候资料的整理及统计，重点讲解了气候观测资料的整理、统计的原则和方法，要求学生能独立绘制和运用各种图表，提高分析气象观测数据的技能；本书最后一个内容为农业气象学教学实习综合指导，讲解了气象仪器观测场的布设要求、仪器布设的规范、观测项目和观测顺序以及实习报告撰写的要求。本教材内容适用农业相关院校本专科学生教学，同时满足开展与农业气象相关各种试验的科技工作者使用。

**图书在版编目(CIP)数据**

农业气象实验实习指导/塔依尔等主编．—北京：气象出版社，2021.9

ISBN 978-7-5029-7499-2

Ⅰ.①农… Ⅱ.①塔… Ⅲ.①农业气象—实验—高等学校—教学参考资料 Ⅳ.①S16-33

中国版本图书馆CIP数据核字(2021)第140599号

**农业气象实验实习指导**

Nongye Qixiang Shiyan Shixi Zhidao

主编：塔依尔　胡晓棠　王海江　姜　艳

---

**出版发行：** 气象出版社

**地　　址：** 北京市海淀区中关村南大街46号　　**邮政编码：** 100081

**电　　话：** 010-68407112(总编室)　010-68408042(发行部)

**网　　址：** http://www.qxcbs.com　　**E-mail：** qxcbs@cma.gov.cn

**责任编辑：** 王元庆　　**终　　审：** 吴晓鹏

**责任校对：** 张硕杰　　**责任技编：** 赵相宁

**封面设计：** 地大彩印设计中心

**印　　刷：** 三河市百盛印装有限公司

**开　　本：** 720 mm×960 mm　1/16　　**印　　张：** 8

**字　　数：** 156千字

**版　　次：** 2021年9月第1版　　**印　　次：** 2021年9月第1次印刷

**定　　价：** 22.00元

---

# 前　言

《农业气象实验实习指导》是农林高等院校农学、农业资源与环境、园艺、林学等专业开设的与农业气象学配套使用的实验和实习教材。农业气象学实验与实习是农业气象学教学过程中非常重要的一个环节，通过实验和课程教学实习，进行各种气象要素的观测，了解和掌握各种气象仪器的构造原理、安装规范、观测方法和观测数据的规范化记录整理、气候图表的制作以及各种要素时空分布规律和变化特点的分析与比较，提高学生的专业技能、增强学生的学习兴趣以及提升实际操作能力，为今后开展农业气象相关工作打下基础。

随着现代科学技术的快速发展，农业气象观测仪器设备更新换代，自动化、信息化、智能化气象观测装备（系统）广泛普及应用，对农业气象实验和实习教学内容提出了新的要求，补充了最新仪器设备相关内容，以便符合新的教学大纲中规定的实验实习要求。为使农业气象实验与课程教学实习教学内容更具科学性，更符合学科的发展、时代的需要，该教材共设计了 9 个实验和 1 个课程教学实习。在介绍主要气象要素（包括辐射、日照、温度、湿度、风、气压、降水、蒸发等）传统常规观测手段和方法的同时，结合农业气象学科应用服务和观测手段的发展，介绍了农业气象要素同步观测和采集的小型便携式、自动化、一体化最新仪器设备相关内容，以及气象资料的整理、统计、分析和应用，并且绝大多数实验后都配有作业，可加深学生对农业气象学理论和实验技能的掌握。

本教材内容不仅适用于农业相关院校本专科学生教学，同时也是一本提供采集农业气象要素方法的工具书，满足开展与农业气象相关各种试验的科技工作者使用。

尽管编者力求全面地介绍农业气象要素观测，受教材篇幅和课程课时限制以及编者水平有限，难免有不足之处，敬请读者谅解。

编者

2021 年 5 月

# 目　　录

# 实验一　辐射、光照强度和日照时数的测定

## 一、目的和要求

了解测量太阳辐射、光照强度及日照时数常用仪器的工作原理、构造特点、安装要求、使用及一般的维护方法。要求正确掌握太阳辐射通量密度、光照强度及日照时数的观测方法。

## 二、所需仪器

### (一)太阳辐射观测

大多数太阳辐射仪器是根据辐射对辐射仪感应器产生的热效应为基础来测量的。太阳辐射是气象观测指标中重要内容，根据世界气象组织(WMO)标准的要求，太阳辐射观测分为总辐射、散射辐射、直接辐射、反射辐射和净辐射。测量辐射常用的仪器有：

1. 直接辐射表：测量垂直于太阳光的单位面积上、单位时间内所接收的太阳直接辐射能量。

2. 天空辐射表(又称总辐射表)：测量水平面上所接收到的太阳总辐射；用遮光板遮住太阳直射光，可测量散射辐射；把天空辐射表感应面翻转朝下可测地面反射辐射。

3. 净辐射表：测量一段时间内辐射收入和支出的差额。

### (二)光照强度观测

常用仪器有照度计。

### (三)日照时间观测

常用仪器有暗筒式日照计(又叫乔唐式日照计)。

## 三、实验内容

1. 总辐射、散射辐射、直接辐射、反射辐射、净辐射及分光谱辐射的观测；
2. 太阳辐射记录仪的使用；
3. 光照强度的观测；
4. 日照时数的观测。

## 四、太阳辐射表的工作原理、结构及安装使用

### (一)热电偶原理

辐射测量仪的工作原理是以入射辐射对仪器感应器产生的热效应为基础来测量的，即热电偶原理。热电偶的工作原理是两种不同成分的金属导体组成的闭合回路(图 1.1 热电堆)，不同材质热电偶的灵敏度有所不同(表 1.1)。热电堆的两个接触点中用来接收辐射的一端称为工作端(热接点、测量端)，另一端避免接收辐射称为参考端(冷接点)，当两个接触点存在温差 $T_1$、$T_2$ 时，回路中就会有电流通过，此时两端之间就存在电动势——热电动势。热电偶温差越大，回路中热电动势也越大，这种效应称为热电效应。根据热电偶温差与输出电压的关系，可以从理论上计算出辐射通量密度。图 1.2 是辐射表输出电压与入射光辐射通量密度的理论曲线。

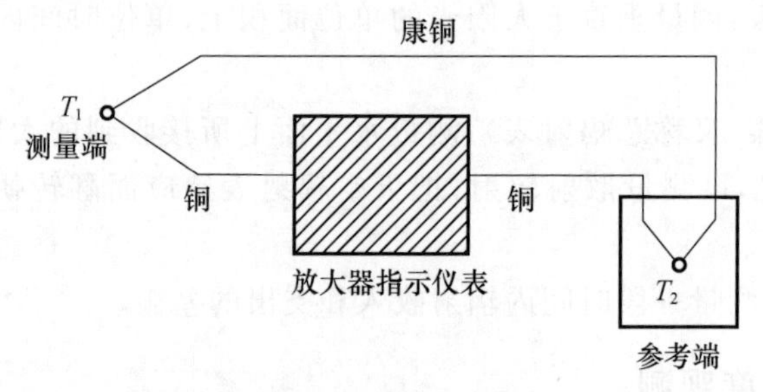


图 1.1 热电偶测温电路

表 1.1 常用的几种热电偶及其灵敏度 单位：$10^{-6}$ V/℃

| 热电偶组成 | 铜-康铜 | 锰铜-康铜 | 铂-康铜 | 铁-康铜 |
|---|---|---|---|---|
| 热电势 | 41 | 41 | 34 | 52 |

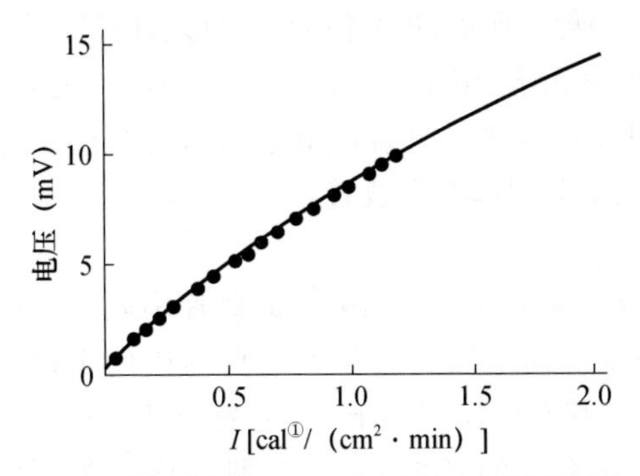

图 1.2　辐射表的输出电压与入射光辐射通量密度

## (二)直接辐射表

1. 普通直接辐射表

(1)仪器构造

直接辐射表主要由感应器、进光筒、支架和底座构成,见图 1.3。

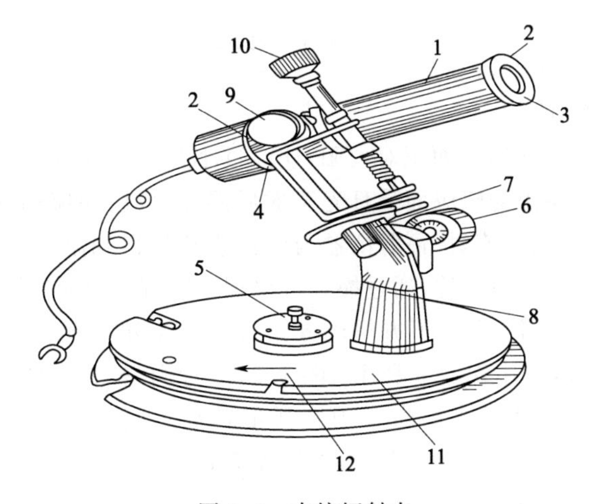

图 1.3　直接辐射表

1. 进光筒;2. 圆环;3. 小孔;4. 黑点;5. 筒盖;6. 螺丝 ;7. 支架;
8. 对准当地纬度的刻度线;9、10. 螺丝;11. 底座;12. 指北箭头

直接辐射表所测量的仅仅是来自太阳圆盘的辐射。实际上不可能达到这个目的,因为如果进光筒筒口正好对准太阳圆盘,当进光筒方向发生改变,即使是非常微小的改变也将引起很大测量误差。此外,受太阳周围很小一部分天空散射辐射影响,不同仪器

① 1 cal=4.184 J,下同。

就包括了不同量的环日辐射。所以，进光筒的进口形状即长度相当重要。

测量太阳直接辐射时需要将圆盘对准太阳光，因此，进光筒是装置在平行于地轴的平行支架转动轴上，支架轴线的倾斜角应和当地纬度相等，它能在刻度盘上指示。仪器支架平台要水平并朝南北向放置。

(2)工作原理

直接辐射表的感应器是由36对康铜-锰铜薄片串联组成的热电堆，置于进光筒的底部，其接收辐射的感应面上涂有吸收率很高的黑色涂料，背面焊有星盘状温差热电堆的热接点；冷接点焊在底座铜环上，与进光筒外壳相连，便于与气温平衡。进光筒内有5个直径逐渐变小的环形光栅，光栅内侧涂黑，外侧(向阳面)镀镍(图1.4)，以减少弱风对感应面的影响，并防止散射辐射落到感应面上，消除光线在筒内的反射。

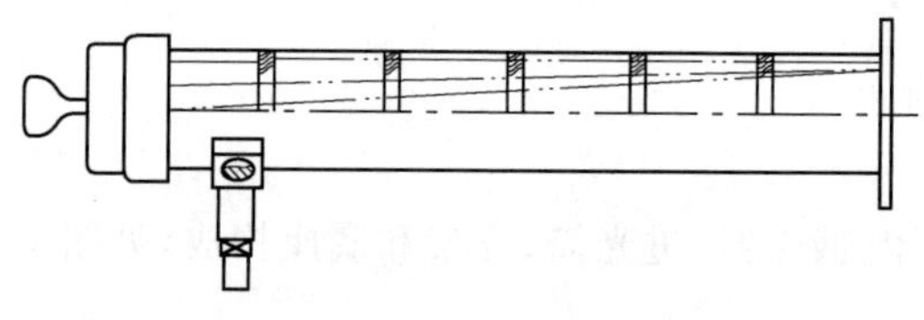

图1.4　直接辐射表的进光筒

(3)仪器的安装和使用

测量时必须将进光筒感应面正对太阳，让穿过小孔3(图1.3)的光点正好落在筒尾端的小黑点4上。当涂黑的感应面受日光直射后温度升高，底座铜环上的冷接点温度保持不变，由此产生温差电流，将辐射仪器与电流表相接得到温差电流，电流的大小与直接辐射的辐射通量密度成正比，通过换算可得到太阳直接辐射的辐射通量密度。

进光筒固定在支架上，支架下方螺丝6可以用来对准当地纬度刻度。为使进光筒筒口对准太阳圆盘，可用螺丝9和10(图1.3)进行调整，其中螺丝9能使进光筒口上下移动，而螺丝10能使进光筒做单项圆弧形转动。底座11上有一箭头12指向北，用此来对准当地子午线。观测完毕，将筒盖5盖上进光筒口。

2. TBS-2-B直接辐射表

TBS-2-B直接辐射表是一款自动跟踪并测量垂直于太阳表面辐射和太阳周围很窄的环日天空散射的一级标准辐射表。

(1)仪器构造

该表主要由光筒和自动跟踪装置组成(图1.5)。

(2)工作原理

光筒内部由七个光栏和内筒、石英玻璃、热电堆，干燥剂筒组成。七个光栏是用来减少内部反射，构成仪器的开敞角并且限制仪器内部空气的湍流。在光栏的外面是筒，用以把光栏内部和外筒的干燥空气封闭，从而减少环境温度对热电堆的影响。

筒口是 JGS3 石英玻璃片，它可透过 0.3～3 μm 波长的太阳直接辐射。光筒的尾端装有干燥剂，以防止水汽凝结物生成。

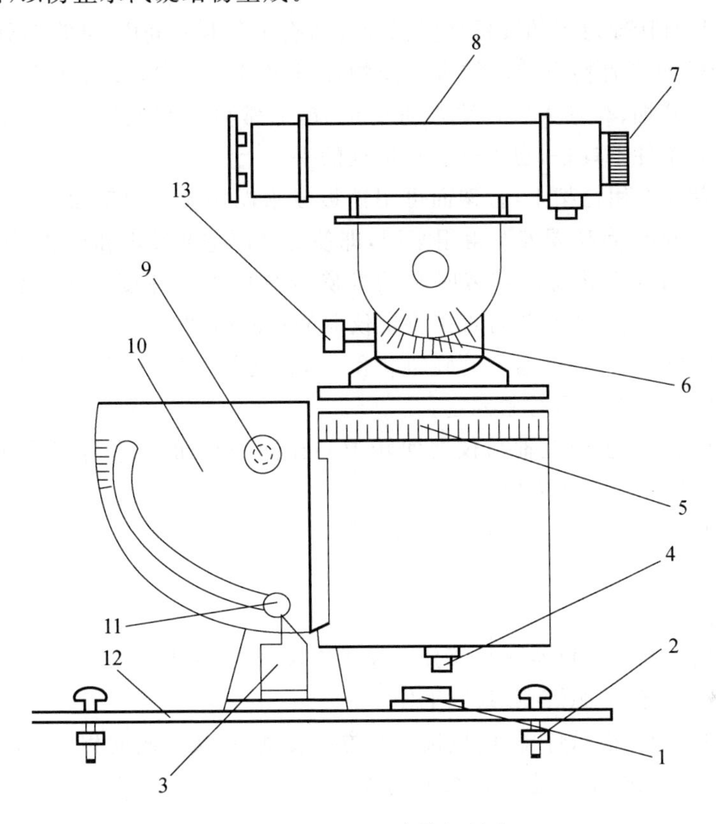


图 1.5　TBS-2-B 直接辐射表

1. 水准器；2. 水平调整钮；3. 指针；4. 电流信号插座；5. 时间刻度；6. 赤纬刻度；7. 干燥剂筒；8. 光筒；9、11. 纬度调整钮；10. 纬度表；12. 底板；13. 太阳倾角调整钮

感应部分是光筒的核心，它是由快速响应的线绕电镀式热电堆组成。对准太阳的感应面涂有美国 3M 无光黑漆，上面是热电堆的热接点，冷结点在机体内。当有太阳辐射照射时，感应面温度升高，它与冷接点形成温差电动势，该电动势与太阳辐射强度成正比。

自动跟踪装置是由底板、纬度架、电机、导电环、蜗轮箱(用于太阳倾角调整)和电机控制器等组成；驱动部分是由石英晶体振荡器控制直流步进电机，电源为直流 12 V。该电机精度高，24 h 转角误差为 0.25°以内。当纬度调到当地地理纬度，底板上的黑线与正南北线重合，倾角与当时太阳倾角相同时，即可实现准确的自动跟踪。

TBS-2-B 直接辐射表输出辐射量($W/m^2$)＝测量输出电压信号值(μV)÷灵敏度

系数[$\mu V/(W \cdot m^2)$]，每个传感器分别给出标定过的灵敏度系数。

(3)仪器安装

TBS-2-B 直接辐射表的安置处要保证在所有季节和时间内(从日出至日落)太阳直射光不受任何障碍物影响。如有障碍物在日出日落方向，其高度角不得超过 5°，同时要尽量避开烟、雾等大气污染严重的地方，通常可与其他辐射表一起安装在观测场内。如果条件不具备，也可安装在房顶的平台上。

仪器安装在专用台架上，台架面可用铁板或水泥构成。台架面的尺寸至少应有 300 mm×400 mm，台架要安装得很牢固，即使受到严重的冲击和振动(如大风等)也不应改变仪器的水平状态。安装时必须准确调整仪器的纬度和太阳倾角，对正南北，调整水平。安装的正确与否直接决定仪器的跟踪精度。

①调整纬度：松开纬度盘上的旋钮 9 和 11，转动刻度盘 10，使其对准当地地理纬度(准确至 0.25°)，然后再拧紧固定。

②调整南北：为了使地轴与仪器回转中心在同一平面上，位于仪器底座的方位线必须准确对准当地南北方向。

③调整水平：调整底板上的三个螺丝，使水平气泡位于水平器中央，保证仪器完全水平。

(4)使用方法

①将电机控制器与仪器跟踪部分用导线连接，并接通电源。

②按下电源键，电源灯亮，系统工作。

③按下方向键，指示灯亮，电机按一个方向转动，再按一次向相反方向转动。

④如果蓄电池电压不足 5 V，要及时充电。

(5)电源供给

交流电 220 V 转为直流 6 V 电压供给直流步进电机，电机箱电流为 200 mA；蓄电池可工作 15 小时。为使电机准确跟踪，控制器使用时一定要接上蓄电池，然后再接交流电。

## (三)天空辐射表

天空辐射表可测量水平面上所接收到的太阳总辐射、天空散射辐射和地面反射辐射。

1. 仪器构造

天空辐射表由玻璃罩、干燥器、水平泡、螺丝、遮光板、支杆、玻璃罩盖子、底座等构成(图 1.6)。

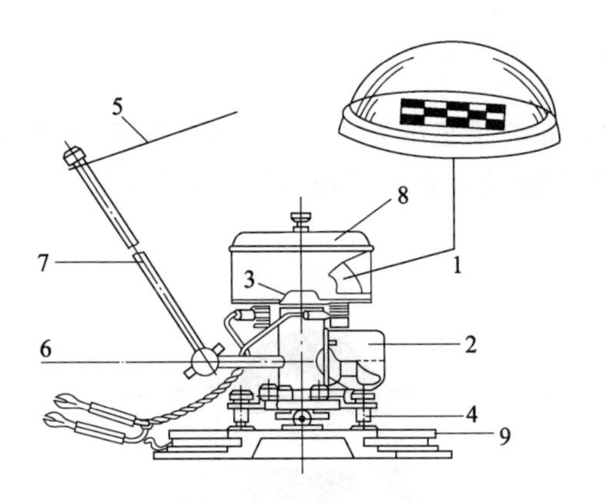


图 1.6　天空辐射表

1. 玻璃罩；2. 干燥器；3. 水平气泡；4. 螺丝；5. 遮光板；
6. 螺丝；7. 支杆；8. 玻璃罩的盖子；9. 底座

2. 工作原理及使用

天空辐射表(黑白型)的感应面是黑白相间的锰铜片和康铜片，两端彼此紧密焊接，串联组成温差热电堆，形成一块棋盘状的平板。其中黑色部分涂有无光黑炭，白色部分涂有氧化镁，感应面黑色背面串联成热电堆的热接点，白色背面串联成冷接点。有太阳辐射时，黑色板面强烈吸收太阳辐射能，而白色板面几乎把辐射能量全部反射，两者之间产生的温差电流大小与太阳辐射通量密度成正比。

如图 1.6 所示，天空辐射表的感应面上安有玻璃罩(图 1.6 中的 1)，它的主要作用是过滤大气及地面长波辐射，当感应面翻转朝下时，感应面上的玻璃罩就滤去了地面长波辐射，这时黑白片上所接收的辐射，只有地面对太阳辐射的反射辐射；同时玻璃罩能防止黑白片上热量散失。当玻璃罩内有水汽时，会影响感应面吸收辐射的能力，因此，在感应面下方有干燥器 2 用以存放干燥剂，吸收罩内水分。

天空辐射表旁边有水平气泡 3，可通过座架上的三个螺丝 4 来调整仪器水平。遮光板 5 是一直径与玻璃罩相等的圆形黑色铝板，遮光板一侧有固定支杆 7，支杆长度是遮光板直径的 5.7 倍，被支架上的螺丝 6 夹住，遮光板大约遮住 10°立体角的天空，遮光板可遮挡感应面上的太阳直接辐射，从而测定天空散射辐射。

3. 注意事项

①保持玻璃罩清洁，不受损坏或改变位置。

②干燥剂失效应及时更换。

③检查干燥剂口是否密合涂油，不要使罩内有水汽，不要将干燥剂洒落在感应面上。

## (四)总辐射表

总辐射表是用来测量光谱范围为0.3～3 μm的太阳总辐射,也可用来测量入射到斜面上的太阳辐射,如感应面向下可测量反射辐射,如加遮光环可测量散射辐射(图1.7)。

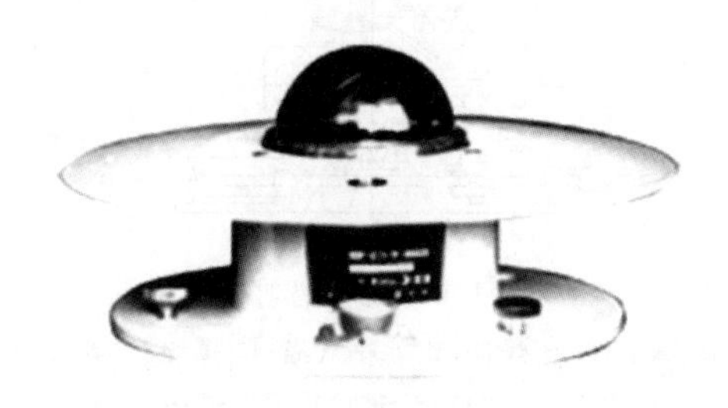

图1.7 总辐射表

1. 工作原理及构造

总辐射表的感应元件采用绕线电镀式多接点热电堆,其表面涂有高吸收率的黑色涂层,强烈吸收辐射形成热接点,而冷接点则位于机体内。冷热接点产生温差电流,输出电流与太阳辐射通量密度成正比。为减小温度的影响则配有温度补偿线路;为防止环境对其性能的影响,则用两层石英玻璃罩,玻璃罩是经过精密的光学冷加工磨制而成的。

2. 安装与使用

该表应安装在四周空旷,感应面以上没有任何障碍物的地方,将辐射表电缆插头正对北方,调整好水平位置,将其牢牢固定,再将总辐射表输出电缆与记录器相连接,即可观测。电缆应牢固地固定在安装架上,以减少断裂或在有风天发生间歇中断现象。

3. 注意事项

①玻璃罩应保持清洁,要经常用软布或毛皮擦净。

②玻璃罩不准拆卸或松动,以免影响测量精度。

③罩内防止水分及水汽,应定期更换干燥剂。

## (五)管状辐射表

用于测量植物群落内部太阳辐射的透射或辐射总量。

1. 仪器构造

该表由感应面、防护罩、水平泡和信号输出/输入端口等部分组成,如图1.8所示。

图 1.8　管状辐射表

2. 工作原理

该表感应元件由 400 个热电偶组成，表面涂有高吸收率的黑色涂料和高反射率的白色涂料。当感应元件接收到辐射时，白色涂层和黑色涂层分别反射和吸收辐射形成温差，产生温差电势，以毫伏信号输出。根据输出电势的大小可以方便地计算出太阳辐射强度。

3. 使用方法

使用时，水平仪气泡处于中心圆环内，保证感应面完全水平，并与辐射记录仪连接。当手持管状辐射表插入植物群落中做瞬时或累计辐射测量时，要尽量端平，使黑色感应面朝南，按水平面由西向东进行测量。

4. 注意事项

①仪表要保持光洁，玻璃管表面如有灰尘、水珠、霜等都将影响测量结果，使用前用软布擦干净。

②仪表经过驱潮处理后密封，使用单位不得随意拆卸，否则会造成损坏或进入潮气，影响测量精度。

③表体内的干燥剂三个月内有效，过期应更换。更换时打开前端盖，取出干燥剂，在大约 50 ℃烘箱内烘干重新装入即可。

④为了保证测量精度，用户每年可根据使用情况送产品制造单位检定。

## (六)净辐射表

净辐射表是用于测量一段时间内辐射收入和支出的差额(图 1.9)，测量范围为 0.27～3 μm 的短波辐射和 3～50 μm 的地球长波辐射。

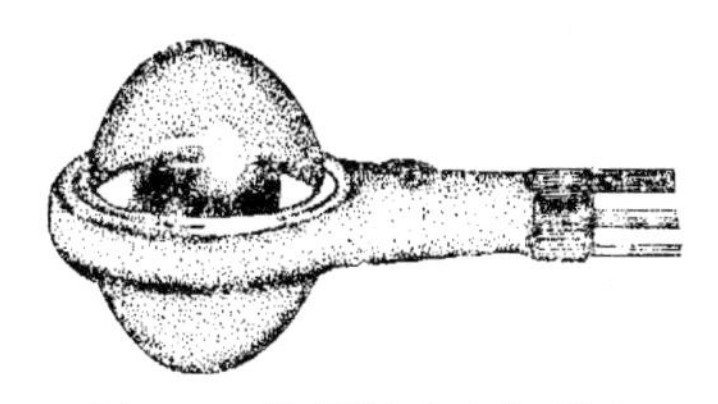

图 1.9　防风罩式净辐射表

1. 仪器构造

净辐射表由聚乙烯薄膜罩、信号输出/输入端口、充气口和充气橡皮囊和信号线等部分组成。为防止风的影响，同时保护感应面，该仪器上下两个感应面均有聚乙烯薄膜罩，主要作用是既能透过长波辐射，又能透过短波辐射。

聚乙烯薄膜罩厚度 0.1 mm 左右，这种薄膜在 0.3～3 μm 波长区域中透过率和玻璃相似；在 3～100 μm 波长区域累计透过率为 85%；3.5 μm、6.9 μm、14 μm 波长处存在狭窄吸收带，见图 1.10。由于聚乙烯半球本身很不牢固，需要内部充以氮气或干燥的空气把半球鼓起。

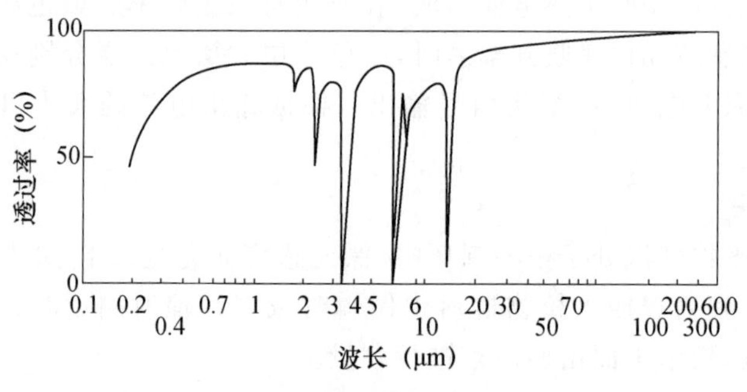


图 1.10 聚乙烯薄膜透过率

2. 工作原理

净辐射表的工作原理同样是热电偶原理，感应部分是由康铜和锰铜组成的热电堆，热电堆的外面紧贴着涂有无光黑漆的上下两个感应面，由于上下感应面接收的辐照度不同，因此，热电堆两端产生温差，其输出电动势与感应面黑体所接收的辐照度差值成正比。

3. 安装与使用

该表安装在支架或三脚架上，感应面离地高度为 1.5 m，使水平泡处在水平器中央，拧紧固定螺丝；仪器的输出电缆线连接到辐射记录仪的输入端即可测量。

4. 注意事项

①每次测量时应检查薄膜罩是否充气，是否清洁。

②聚乙烯薄膜长期照射会老化，所以每 6 个月更换一次聚乙烯薄膜罩。

③干燥剂应及时更换，防止失效。

## (七)分光谱辐射表

分光谱辐射表主要分三类：

1. 红外辐射表：主要测量波长大于 700 nm 的辐射，红外辐射表又可分为 760～2500 nm 波段的辐射表和大于 2500 nm 以上的远红外辐射表。

2. 可见光辐射表：主要测量可见光区 400～700 nm 之间的辐射。

3. 紫外线辐射表：主要测量波长短于 400 nm 的辐射，紫外辐射表又可分 280～320 nm、320～400 nm 和 280～400 nm 波段三种。

测量辐射的波长范围主要由玻璃罩来控制，玻璃罩的波长如下：

石英罩：280～320 nm，320～400 nm，280～400 nm，320～3200 nm；JB400 黄罩：395～3200 nm；CB500：500～3200 nm；RB600：599～3200 nm；HB700 红罩：700～3200 nm。

配套使用不同波段的辐射表，可以测出总辐射量，红外光谱区、可见光区和紫外线光谱区的太阳辐射量。

1. 工作原理及构造

分光谱辐射表采用热电偶原理，其感应元件采用绕线式多接点热电堆，其感应面涂有高吸收率黑色涂层，热接点在感应面上，而冷接点则位于机体内，冷热接点产生温差电势，输出电流信号与太阳辐射强度成正比。为防止环境对其性能的影响，配有温度调节机制，该表内罩为石英玻璃，外罩经精密冷加工磨制而成的光学玻璃。

TBQ-ZW-2 型 UV 系列紫外辐射表是光电效应型传感器，采用硅光管接收 UVA、UVB 和 UVAB 波长的电信号，经过 280～320 nm、320～400 nm、280～400 nm波长的滤光器送至两极放大器，其输出电压为 0～20 mV。在表体的上方安装一个直径 52 mm 的石英玻璃罩，以减少外界环境对其性能的影响，并起保护作用。为减少外界温度对滤光器及光电探测器带来的影响，在表体内配有温度调节机制。见图 1.11。

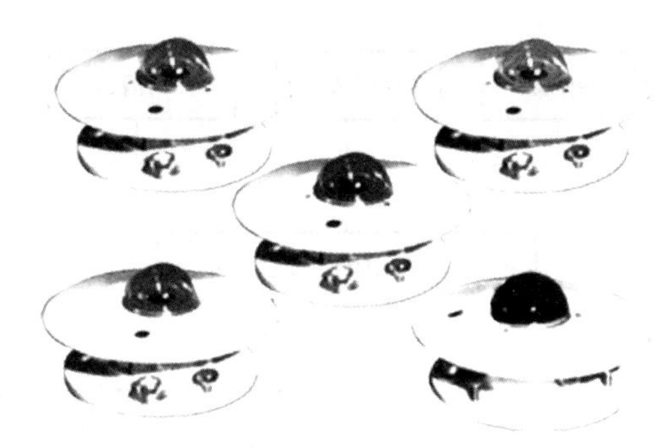

图 1.11　TBQ-ZW-2 型分光谱辐射表

2. 安装与使用

①安装时应选择周围没有障碍物的空旷地，或从早晨太阳升起到傍晚太阳下落的方位角内，感应元件的平面与障碍物的仰角不超过 5°的平面内安装。

②长期固定在外使用时，要保证安装用的平台和支架有足够稳定性，接收面的水平位置不会改变，特别是在大风期间。

③本表用屏蔽导线与辐射记录仪连接使用。

3. 注意事项

①玻璃罩应保持清洁。

②玻璃罩不准拆卸或松动，以免影响测量精度。

③定期更换干燥剂，防止玻璃罩内结水汽。

## 五、PC-2 型太阳辐射记录仪

1. 功能说明

PC-2 型太阳辐射记录仪（以下简称记录仪）（见图 1.12）是新一代太阳辐射记录仪，它与通用的计算机配合使用，外接各种辐射传感器。主要用于观测和记录太阳总辐射、散射辐射、直接辐射、反射辐射、净辐射和不同波段的太阳辐射。计算机、太阳辐射记录仪、各种辐射仪器相互连结组成具有太阳辐射观测、记录、累计、查询、打印等功能的系统（见图 1.13）。

图 1.12 PC-2 型太阳辐射记录仪

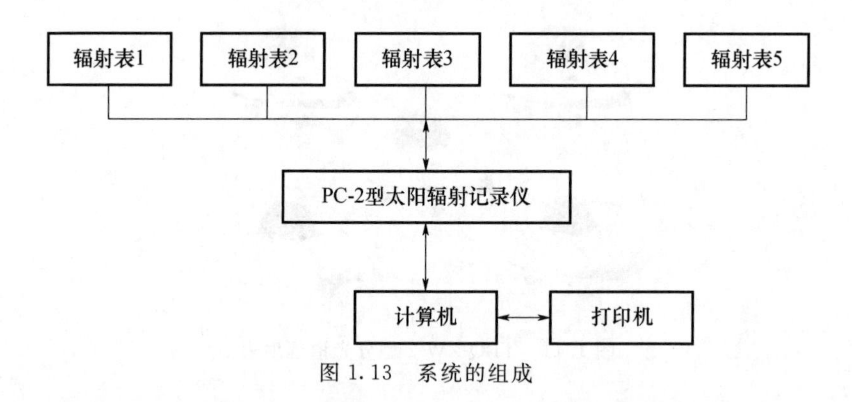


图 1.13 系统的组成

（1）放电指示灯：是蓄电池过放电指示灯。当断电或蓄电池放电时，此灯点亮。

（2）充电指示灯：是蓄电池快速充电指示灯，当系统对蓄电池进行充电时，此灯点亮。

（3）测试指示灯：是辐射表检测指示灯，当系统对外接的辐射表进行采集时，此灯点亮。

（4）通信指示灯：当记录仪与计算机之间进行数据传输时，此灯点亮。记录仪屏幕左第 2 位后出现“:”时，按键有效，可用选择按钮进行相关的查询；若无“:”时，数据采集时刻，此时按键无效；屏幕右第 2 位后出现“：”时，显示记录仪的时间，例如 12：04，即 12 时 04 分。

(5)通道选择按钮：每按一次通道按钮，按递增顺序显示通道号 1～5。同时对 1～5 通道自动循环显示。例如：按一次屏幕左边第 1 位显示 1，表示通道 1；按两次屏幕左边第 1 位显示 2，表示通道 2。

## 六、光照强度的观测

### (一)照度计

测量光照强度的仪器称为照度计。照度计的型号很多，下面以 TES-1332 数位式照度计为例，说明照度计的构造及原理。

1. 构造及测量原理

照度计主要由测光探头和读数器两部分组成(图 1.14)。测光探头的感光元件是硅光电池(见图 1.15)，用两种滤光片与硅光电池组合，使该仪器只对可见光有响应，照度计的感光范围和人眼的视觉敏感范围接近，在 0.38～0.71 μm。当一定强度的可见光照射到硅光电池上时，便产生一定强度的电流，其电流值的大小与光照度成正比。观测使用的照度计均已将电流值换算成光照度，单位是勒克斯(lx)。

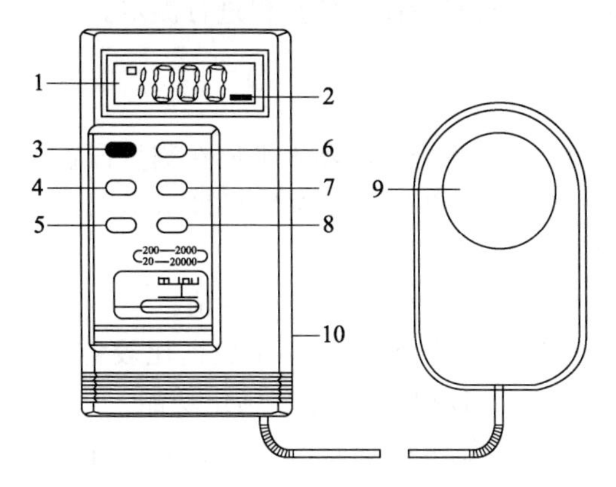


图 1.14　TES-1332 数位式照度计

1. 液晶示器；2. 测量范围；3. 电源开关；4. 读值锁定开关；
5. 峰值锁定开关；6. 单位 lx 测量开关；
7. 平方英尺通过单位为 fc 的光量；
8. 档位范围开关；9. 光检测器；10. 支架

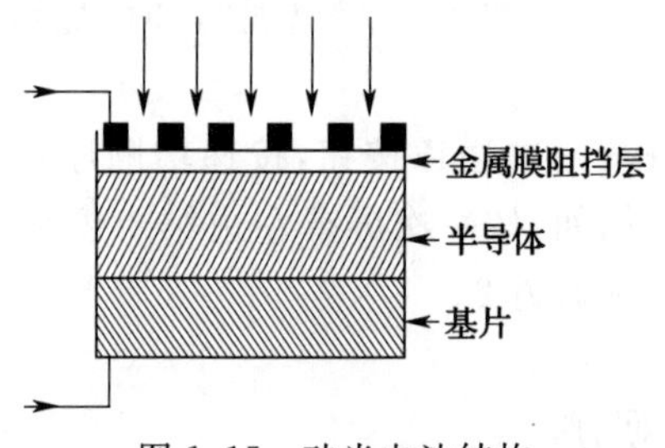


图 1.15　硅光电池结构

2. 按钮功能

(1)电源开关

图 1.14 中③键,按一次打开电源,再按一次切断电源。

(2)读值锁定开关

按 HOLD(图 1.14 中④键)一次,显示屏左上角上出现“H”符号,表示锁定了测定数值,在这种状态下,可以进行数据记录,不能进行测量;再按一次 HOLD 键,取消锁定功能,可继续进行照度测量。

(3)档位范围开关(量程键)

每按一次图 1.14 中⑧键,在显示屏右下角依次显示量程“200”,“2000”,“20000”,“200000”;显示屏观测值后方的 LUX 表示测量单位为勒克斯(lx)。

(4)读取测量值时,如果显示“1”,表示过载现象,即所测光照强度超过了右下角的最大量程,应按一次⑧键,选择较高档位量程进行测定。

3. 使用方法

(1)打开电源。

(2)打开光检测器盖子,并将光检测器水平放在测量位置。

(3)选择适合测量档位。如果显示屏左端只显示“1”,表示照度过量,需要按下量程键(⑧键),调整测量倍数。

(4)照度计开始工作,并在显示屏上显示照度值。

(5)显示屏上显示数据不断地变动,当显示数据比较稳定时,按下 HOLD 键(④键),锁定数据;再按一下 HOLD 键,取消读值锁定功能。

(6)读取并记录读数器中显示的观测值。当显示屏右下角最大量程为“20000”或“200000”lx 时,右上角会分别显示“×10”或“×10000”,表示观测值等于读数器中显示的数字与右上角“×10”或“×10000”的乘积。比如:屏幕上显示 500,右上角显示状态为“×10”,照度测量值为 5000 lx(500×10)。

(7)每次观测时,连续读数三次并记录,取平均值为当时测点的光照强度。

(8)每次测量结束后,按下电源开关键,切断电源。

(9)盖上光检测器盖子,并放回盒里。

4. 电池更换

(1)使用过程中电池电力不足时，读数部分的示屏上出现“BT”指示，表示须更换电池。

(2)按图 1.16 箭头指示方向打开电池盖，取下电池，换上一枚新的 9 V 干电池。

(3)盖上电池盖。

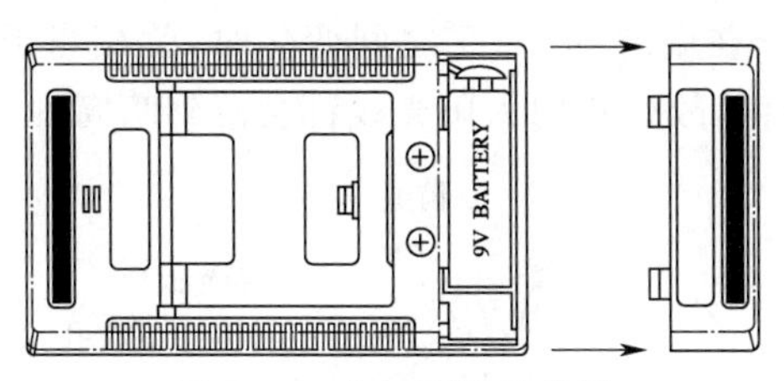


图 1.16　电池更换示意图

5. 照度计的优缺点

硅光电池稳定性好，耐强光、耐冲击、线性好、应用广泛。但在农业生产上，使用照度计直接测量太阳辐射光照度时，只能大致反映作物生长与光照度之间的关系。因为在植物光合作用中吸收最强烈的红光(0.61～0.72 μm)与蓝光(0.40～0.51 μm)，虽然植物对它吸收利用率很高，但由于其光亮感(光照度)较差，硅光电池对该光谱范围的反应及灵敏度较低(小于 40%)；而对于光感觉最强的黄绿光(0.5～0.6 μm)，植物吸收利用则较少，硅光电池相对灵敏度反应却高达 100%。因此，使用照度计测量植物生长所需的光照度有其不足之处。但由于照度计结构简单，使用方便，价格低廉，至今在农业气象观测中仍被应用。

6. 注意事项

(1)电源开关键(图 1.14 中③键)和档位范围开关(量程键，图 1.14 中⑧键)切勿同时按下，应先打开电源然后调整量程。

(2)若要保持测量数据，可按下锁定键，但切不可在按下量程键之前按下锁定键。

(3)仪器适合温度在 0～40 ℃，湿度在 0～80%的环境下使用。

(4)长期存放时，应在室温、干燥(相对湿度<80%)、洁净的环境中保存。

(5)避免污损和强烈震动或摔打引起的破坏。

## 七、日照时数的观测

日照时间对农作物的生长发育有重要作用，直接影响产量和品质。日照时数的观测是为农业生产作物布局、光能利用提供重要气象资料。在这里以暗筒式(乔唐式)日照计为例介绍其构造及工作原理等。

1. 仪器构造

仪器构造如图 1.17 所示，由金属圆筒、隔光板、纬度刻度盘和支架底座构成。金属圆筒底端密闭，筒口带盖，筒的两侧各有一个进光小孔，两孔前后位置错开，与圆心的夹角为 120°，筒内附有压纸夹。圆筒固定在支架上，松开固定螺钉可绕轴旋转，使圆筒轴与地平角为当地纬度。日照计中心轴线与地轴平行，仪器的筒轴相当于地轴，因此，太阳一年四季在南北纬 23.5°之间变化时，就相当于在暗筒洞孔的垂直切面南北 23.5°范围内变化，故一年内太阳光线都会落到暗筒内。

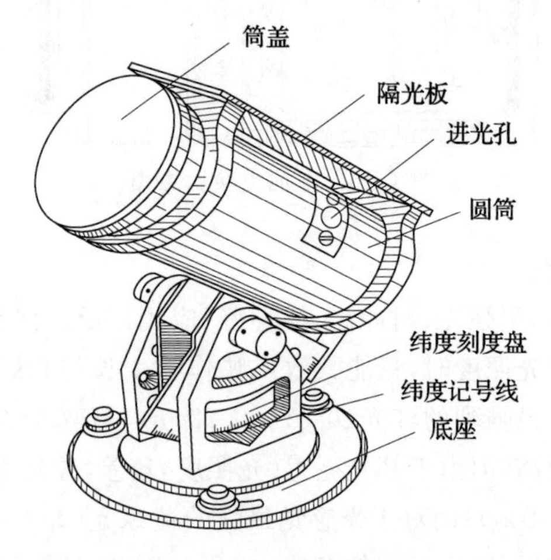


图 1.17　筒式日照计

2. 工作原理

暗筒式日照计是利用太阳光通过仪器上的小孔射入暗筒内，在涂有感光药剂的日照纸上留下感光迹线(图 1.18)，通过计算感光迹线的长度确定一日的日照时数。隔光板的边缘与小孔在同一个垂直面上，它使太阳光除了在正午有 1～2 min 可以同时射入两孔外，其余时间光线只能从一孔射入筒内。在春分、秋分这两天阳光垂直筒身，感光线是一条垂直圆筒轴的直线，夏半年阳光偏于北半球，感光线位于直线的下方；冬半年阳光偏于南半球，阳光迹线偏于直线上方(图 1.18)。

3. 仪器安装

日照计要安装在开阔的、终年从日出到日落都能接收到阳光照射的地方。通常安装在观测场内或平台上；如需安装在观测场内，首先埋设铁架(高度以便于观测为宜)，铁架顶部要安装一块水平而又牢固的台座，座面上要精确标出南北线，将日照计安装在铁架平台上，仪器底座要水平，筒口对准正北，并将日照计底座加以固定，然后转动筒身，使支架上的纬度记号线对准纬度盘上当地纬度值。无适宜观测场时，可安装在平台或附近较高的建筑物上。

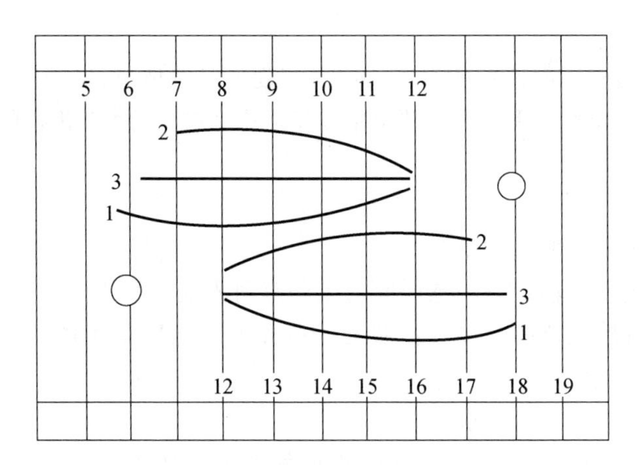


图 1.18　日照纸及感光迹线

1. 夏半年感光迹线；2. 冬半年感光迹线；3. 春分、秋分感光迹线

4. 自记纸的涂药

日照计自记纸使用前需在暗处涂刷感光药剂，日照记录的准确性与涂药质量关系密切。所用药剂为显影药剂赤血盐[$K_3Fe(CN)_6$]和感光药剂柠檬酸铁铵[$Fe_2(NH_4)_4(C_6H_5O_7)_3$]。

药剂配制方法：赤血盐与水的比例为 1∶10，柠檬酸铁铵与水的比例为 33∶1，按此比例将配好的药液分别存放于两个容器中，每次配量以能涂刷 10 张自记纸为宜，以免涂了药的自记纸久存失效。

涂药方法：将配制好的两种药液在暗处等量混合，均匀地涂在空白的自记纸上；或者先将柠檬酸铁铵药液涂刷在自记纸上，阴干后逐日应用。每天换下自记纸后，在感光迹线处用脱脂棉涂上赤血盐，便可显出蓝色迹线。

5. 自记纸的更换

每天在日落以后换自记纸，即使是全日阴雨，没有日照记录，也应照常换下，以供日后查考。上纸时，将填好次日日期的自记纸(涂药一面朝里卷成筒状)，放入金属圆筒内，使纸上 10 时线对准筒口白线，14 时线对准筒底的白线，纸上的两个圆孔对准两个进光孔，压纸夹交叉处向上，将纸压紧，盖好筒盖。

6. 日照时数的计算

当天换下的自记纸应根据感光迹线的长短，在迹线下方用铅笔分别描划一直线，然后将自记纸放入足量清水中浸漂 3～5 min 拿出(全天无日照的自记纸，也应浸漂)，阴干后，再重新检查感光迹线与铅笔线是否一致，如感光迹线比铅笔线长，则应补上这一段铅笔线，最后按铅笔线以十分法计算日照时数。将各小时的日照时数逐一相加，精确到 0.1 h，即可得到全天的日照时数。若全天无日照，日照时数记为 0.0。

7. 注意事项

(1)每月应检查一次仪器的水平、方位、纬度的安置情况,发现问题及时纠正。

(2)日出前应检查日照计的小孔,看其有无被小虫、尘沙等堵塞或被露霜等遮住。

## 作业

1. 辐射表主要有哪些类型?

2. 如何确定直接辐射表的感应面与太阳直射光线正好垂直?

3. 照度计的感光范围是多少?照度计所测的光照度是否能够完全反映作物生长与光照度之间的关系?

4. 日照计安装时有何要求?

5. 如果暗筒式日照计安装时不水平或南北线没对准,则感光迹线会出现什么情况?

6. 叙述暗筒式日照计的涂药、换纸与记录方法。

7. 照度计有何缺点?使用时应注意什么问题?

8. 辐射记录仪有何作用?

# 实验二　空气、土壤温度的观测

## 一、目的和要求

了解农业气象常用的各种温度表、温度计的工作原理、构造特点、安装要求、使用及一般的维护方法，要求正确掌握空气温度和土壤温度的观测、数据记录、整理的原理和方法。

## 二、所需仪器

普通温度表、最高温度表、最低温度表、地面温度表、自记温度计、曲管地温表、直管地温表。

## 三、实验内容

1. 认识各种温度表（计）的用途及构造特征。
2. 各种温度表的调整、安装、读数和一般维护方法。

## 四、玻璃液体温度表的工作原理及构造

1. 测温原理及温标

任何物质的温度变化，都会引起自身特性的改变。热胀冷缩反映了物质物理特性（体积大小）与温度之间的定量关系，我们可以利用物质的这种特性来测量温度高低及其变化规律。

温标是用于衡量物体温度高低的量度标尺。制定温标时，常以标准大气压力下纯水的冰点和沸点作为基准点，再把这两点之间等分为若干份，每份为1度。常用的温标有摄氏温标、华氏温标和绝对温标，我国的气象工作和日常生活中均采用摄氏温标。摄氏温标与华氏温标、绝对温标的换算关系如下：

摄氏温标℃：$t℃=5/9(t℉-32)$

绝对温标K：$tK=273.16+t℃$

2. 构造组成

温度表主要由感应部分、毛细管、温度标尺三个部分构成，如图 2.1 所示。

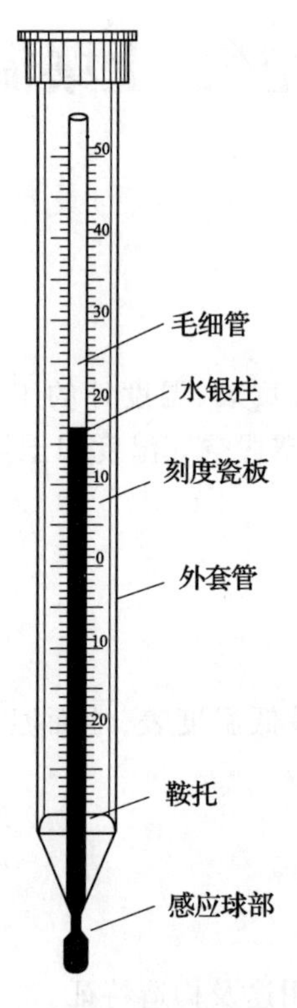


图 2.1 普通温度表

(1)感应部分

感应部分要大小适中，多呈圆柱状，也有球状的。当内部容积大小一样时，圆柱状的比表面积(单位容积的表面积，即全表面积同其容积之比)大，球状的小。比表面积大者，自然与介质接触的面积大，对环境温度的响应速度快，可提高灵敏度。所以，气象用的玻璃液体温度表的感应部分多制成圆柱形。

(2)毛细管

毛细管是球部的延伸，部分充填感温物质与球部相通，其余空间为真空或充填惰性气体，顶端则封死。环境温度改变时，毛细管内感温物质的体积会相应增减(热胀冷缩)，毛细管越细，液柱长短变化越显著，仪器灵敏度也就越高。

(3)温度标尺

温度标尺上刻有温度度数，气象观测上常用的最小刻度值有 0.2 和 0.5 ℃两种，均需目测准确到 0.1 ℃。

## 五、温度表的分类

### (一)玻璃液体温度表的分类

根据构造特点来划分,主要分为棒状温度表和套管式温度表两大类。

1. 棒状玻璃液体温度表

这种温度表形似一根玻璃棒,一端膨大作为球部,中间抽成一毛细管,内充感温物质,上端封死,温标直接刻于表身,称棒状温度表。

棒状温度表表身易受环境冷热变化的直接影响,温度示度误差较大。此外,毛细管液柱与温标距离也较远,易造成视差。所以气象观测上基本不采用这种温度表。但棒状温度表的表身可做得很短小,故可用作某些气象仪器(如气压表)上的附属温度表。

2. 套管式玻璃液体温度表

气象观测上采用最多的是套管式温度表(图 2.1)。这种温度表因将温标刻在白瓷板上,与固定其上面的毛细管一起,封闭在玻璃套管内得名(也称衬板式)。

套管式温度表的毛细管距离温度标尺非常近,读数时因玻璃对光的折射而产生的视差可降到最小,相比之下效果最好。

### (二)套管式玻璃液体温度表的分类

套管式玻璃液体温度表(简称套管式温度表,下同)按其测温功能可分为普通温度表、最高温度表、最低温度表、曲管地温表和直管地温表五种类型。

1. 普通温度表

普通温度表的特点是毛细管内的水银柱长度随被测介质的温度变化而变化,用于读取观测时的温度,一般采用水银温度表。常用的普通温度表主要有以下几种:

(1)干球温度表:用于测量空气温度。

(2)湿球温度表:在干球温度表的感应球部包裹着湿润的纱布,因而被称为湿球温度表。湿球温度表和干球温度表配合可测量空气湿度。

(3)地面普通温度表:用于测量裸地表面的温度。此温度表范围最大,在－36～81 ℃,以适应地表温度剧烈变化。

2. 最高温度表

最高温度表用来测量一段时间内出现的最高温度。其构造与普通温度表基本相同,主要区别是在最高温度表球部内嵌有一枚玻璃针,针尖插入毛细管使这一段毛细管变得窄小成为窄道,如图 2.2 所示。

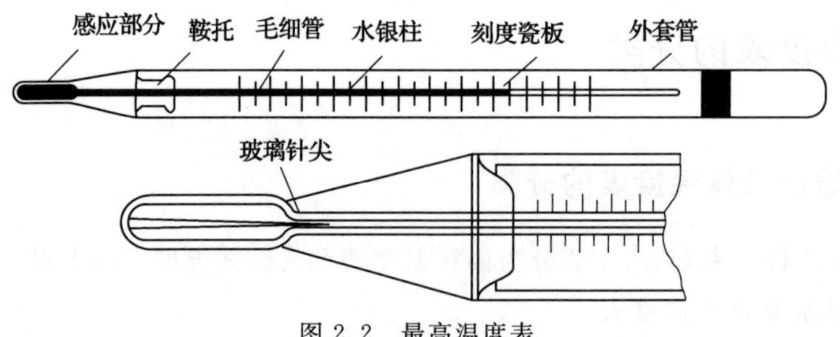


图 2.2 最高温度表

升温时，球部水银体积膨胀，压力增大，迫使水银挤过窄道进入毛细管；降温时，球部水银体积收缩，毛细管中的水银应流回球部，但因水银的内聚力小于窄道处水银与管壁的摩擦力，水银柱在窄道处断裂，窄道以上毛细管中的水银无法缩回到感应部，水银柱仍停留在原处，即水银柱只会伸长，不会缩短。因此，水银柱顶端对应的读数即为过去一段时间内曾经出现过的最高温度。

为了能观测到下一时段内的最高温度，观测完毕需调整最高温度表。调整方法是：手握表身中上部，感应部向下，刻度磁板与手甩动方向平行，手臂向前伸直，离身体约 30°的角度，用力向后甩动，上甩时应压腕，球部不要抬高，以免水银柱滑上又甩下，撞坏窄道；下甩时不可弯腰，以免球部触地；不可只甩动前小手臂，更不可只抖动手腕，防止折断白瓷板和毛细管。这样就可以利用离心力使毛细管内的水银部分回归球部，液柱变短。甩动几次，直到水银柱读数接近当时的温度。调整后放回原处时，应先放感应部，后放表身，以免毛细管内水银上滑。

3. 最低温度表

最低温度表用来测量一段时间内出现的最低温度。最低温度表以酒精作为测温液体。主要特点是在温度表毛细管的酒精柱中，有一个可以滑动的蓝色玻璃小游标，如图 2.3 所示。

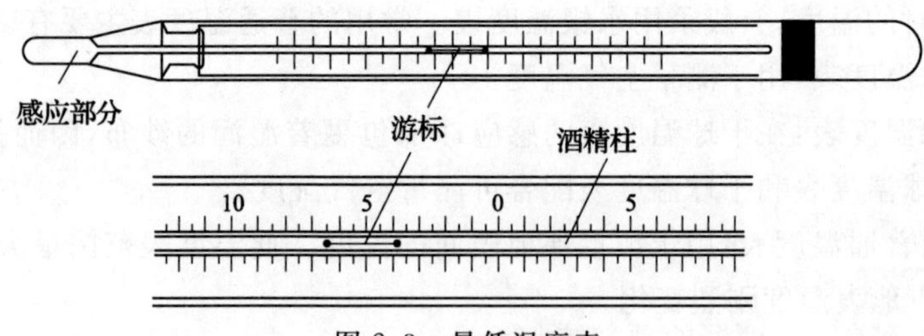


图 2.3 最低温度表

当温度上升时，酒精体积膨胀，由于游标本身有一定重量，膨胀的酒精可从游标的周围慢慢流过，而不能带动游标，游标停留在原处不动；但温度下降时，毛细管中的酒精向感应部收缩，当酒精柱顶端凹面与游标相接触时，酒精柱凹面的表面张力大于毛细管壁对游标的摩擦力，从而带动游标向低温方向移动，即游标只会后退而不能前进。

因此，游标远离感应部一端（右端）所对应的温度读数，即为过去一段时间内曾经出现过的最低温度。最低温度观测完后也应调整最低温度表，调整方法是：将感应球部向上抬起，表身倾斜使游标滑动到毛细管酒精柱的顶端。调整后放回原处时，应先放表身，后放感应球部，以免游标下滑。

4. 曲管地温表

曲管地温表用来测定土壤浅层不同深度的土壤温度，它的构造与普通温度表基本一样，但外形不同；其球部呈圆柱形，靠近感应部弯曲成 135°以便于读数；玻璃套管的地下部分用石棉等物填充，以防止套管内空气流动，并隔绝其他土壤层热量变化对水银柱的影响，如图 2.4 所示。曲管地温表一套共有四支，分别测量地下 5 cm、10 cm、15 cm 和 20 cm 深度的土壤温度。

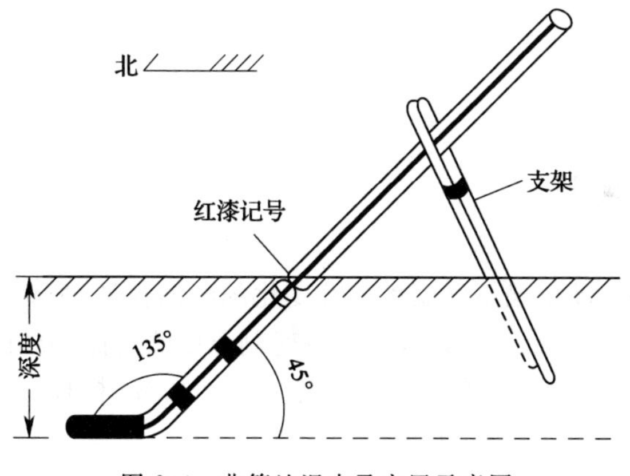


图 2.4　曲管地温表及安置示意图

5. 直管地温表

直管地温表用来观测地下 40 cm、80 cm、160 cm、320 cm 等深度的土壤温度。直管地温表是装在带有铜底帽的管形保护框内，以便于悬吊并起保护作用。球部周围用热容量较大的铜屑充塞并用铜质螺帽封牢，这样可减小读数过程中温度示度的变化速度，保证读数客观准确。如图 2.5 所示，保护框中部有一长孔，使温度表刻度部位显露，便于读数。保护框的顶端连接在一根木棒上，整个木棒和地温表又放在一个硬橡胶套管内，木棒顶端有一个金属盖，恰好盖住橡胶套管，盖内装有毡垫，可阻止管内空气对流和管内外空气交换，以及防止降水等物落入。

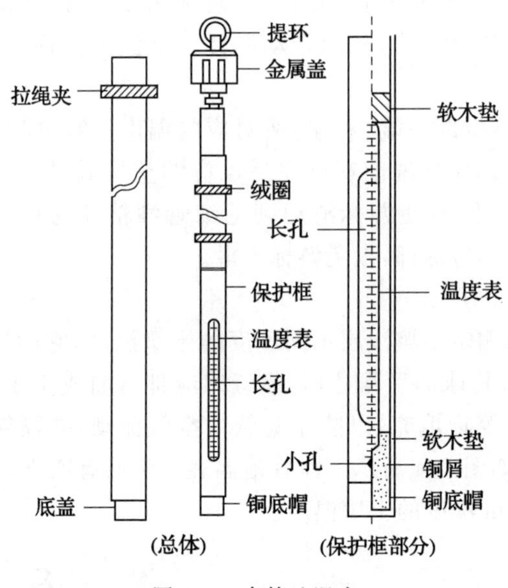


图 2.5　直管地温表

## 六、自记温度计

自记温度计是自动记录空气温度连续变化的测温仪器，所记录的曲线表明温度随时间的连续变化状况，因而可以知道任一时刻温度的高低、极值及对应时间。

自记温度计由感应部分（双金属片）、传递放大部分（杠杆）、自记部分（自记钟、自记纸和自记笔）组成，如图 2.6(a)所示。

自记温度计的感应部分是一个弯曲的双金属片，它由热膨胀系数较大的黄铜片与热膨胀系数较小的铟钢片焊接而成，如图 2.6(b)所示。双金属片的一端固定在支架上，另一端（自由端）连接在杠杆上。当温度变化时，两种金属膨胀或收缩的程度不同，其内应力使双金属片的弯曲程度发生改变，自由端发生位移，通过所连接的杠杆装置，带动自记笔尖在自记纸上画出温度变化的曲线，如图 2.6(c)所示。

自记纸（专用坐标纸）紧贴在一个圆柱形的自记钟筒上，并用金属压纸条固定。自记纸上的弧形纵坐标为温度，横坐标为时间刻度线。自记钟和自记纸都有日记型和周记型两种，日记型自记纸，使用期限为一天，每天 14 时更换自记纸；周记型自记纸，使用期限为一周。

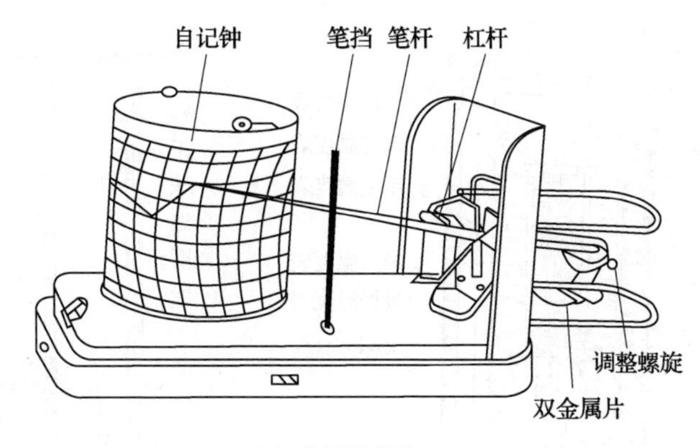


(a) 自记温度计

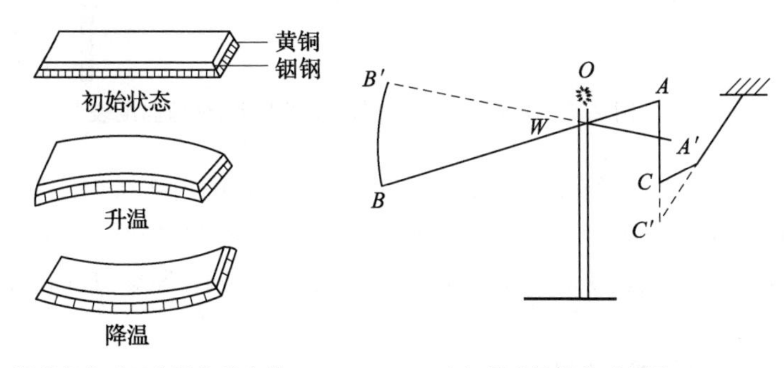


(b) 温度变化时双金属片的弯曲　　(c) 温度计放大示意图

图 2.6　自记温度计及其工作原理

## 七、百叶箱

1. 作用与分类

百叶箱(图 2.7)是气象站和观测场最醒目的标志之一，专门用来安放空气温度和湿度的测定仪器。百叶箱下有支架，固定在气象观测场上，箱门朝北，箱底离地面有一定高度。这样构造的百叶箱可使箱内的仪器免受太阳光直接照射以及降水、强风的影响，但仍可保证箱内外空气自由流通。即百叶箱是防止太阳对仪器的直接辐射和地面对仪器的反射辐射，保护仪器免受强风、雨、雪等的影响，并使仪器感应部分有适当的通风，能真实地感应外界空气温度和湿度的变化。

百叶箱通常由木质或玻璃钢两种材料制成，百叶箱的四壁是由两排薄木板组成，木板条分别向内、向外与水平方向成 45°角，箱底由三块木板组成，每块宽 110 mm，中间一块比边上两块稍高一些，箱盖有两层，其间空气能自由流通。为减少日射影响，使百叶箱具有良好的反射能力，因此，百叶箱的内外均涂以白色。

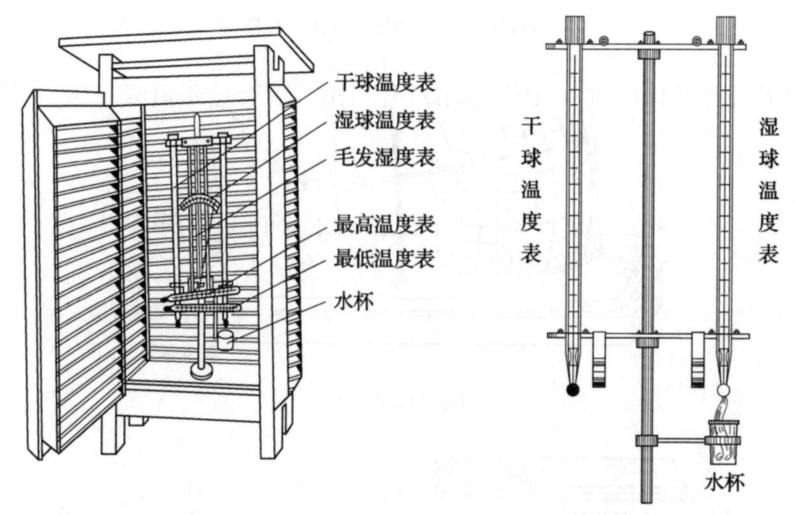


图 2.7　小百叶箱内仪器的安装及干、湿球温度表

百叶箱分为大百叶箱和小百叶箱两种。大百叶箱的内部高 612 mm、宽 460 mm、深 460 mm，用于安装温度计、湿度计或铂电阻温度传感器和湿敏电容湿度传感器。小百叶箱内部高 537 mm、宽 460 mm、深 290 mm，用于安装干、湿球、最高、最低温度表和毛发湿度表。

2. 百叶箱内仪器的安装

小百叶箱内的各种仪器都装置在一个固定的支架上。干球温度表和湿球温度表垂直悬挂在支架两侧的环内，球部向下，干球在东，湿球在西，感应球部距地面 1.5 m 高，湿球上包扎着一条纱布，纱布的下部浸入一个带盖的水杯内，杯内装有蒸馏水，毛发湿度表垂直悬挂在支架的上横梁上，表的上部用螺钉固定。最高、最低温度表水平放在支架横梁上的一对弧形钩上，感应部分向东，如图 2.7 所示。

大百叶箱内装有温度计和湿度计，温度计水平地安放在前面较低的木架上，湿度计则安放在后面稍高的木架上，它们的高度，以便于观测为准。

3. 百叶箱的安装

(1)装置在广阔的草地上：广阔的地方空气流通，草地吸热少，测出来的气温才会接近真实气温。

(2)箱底离地面 120～150 cm 高，所测出来的气温差异较小，且离地 120～150 cm 高，较容易测量。

(3)箱门朝北开：为避免阳光直接照射，因为太阳每天的升落会偏向南方。

(4)百叶箱四周为百叶窗：目的是为保持通风，如果密闭，箱内温度会慢慢上升而影响温度计的测量。

(5)箱的内外涂上白漆：如果黑色或深色，会吸收太阳辐射使箱内的温度上升。

(6)箱顶和箱壁都是双层:使内部不会受风雨侵袭及太阳日照的影响。

4. 百叶箱的维护

百叶箱要经常保持洁白,视具体情况每一至三年要重新油漆一次;内外箱壁每月至少定期擦洗一次。寒冷季节可用干毛刷刷拭干净。

清洗:清洗百叶箱的时间以晴天上午为宜。在进行箱内清洁工作和洗涤百叶箱之前,应将仪器全部放入备份百叶箱;清洗完毕,待百叶箱干燥之后,再将仪器放回。清洗百叶箱不能影响观测和记录。

冬季在巡视观测场时,要小心用毛刷把百叶箱顶、箱内和壁缝中的雪和雾凇清除干净。百叶箱中不许存放多余的物品。箱内靠近箱门外的顶板处的顶板上,可安装照明用的电灯(不得超过 25 W),读数时打开,观测后随即关上,以免影响温度,也可以用手电筒照明。

## 八、地温表的安装

1. 地面温度表的安装

地面温度表(地面普通温度表、地面最低温度表和地面最高温度表)和曲管地温表安装在地面气象观测场内靠南侧的面积为 2 m×4 m 的裸地上。地面三支温度表水平地平行安放在地面上,从北向南依次为地面普通温度表、地面最低温度表和地面最高温度表,相互间隔 5 cm,温度表感应球部朝东,球部和表身一半埋入土中,一半露出地面,如图 2.8 所示。

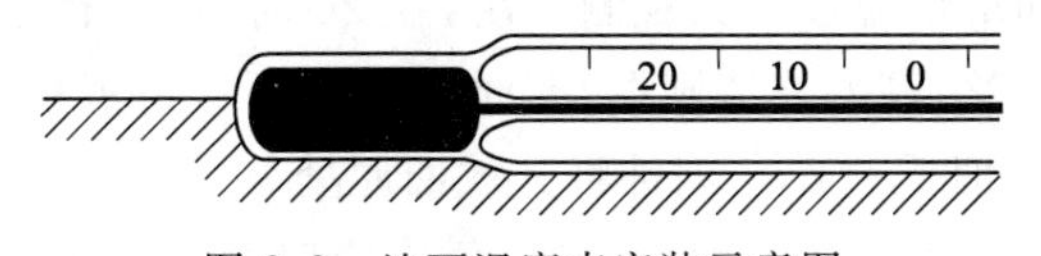


图 2.8 地面温度表安装示意图

2. 曲管地温表的安装

曲管地温表一般安置在地面最低温度表的西边约 20 cm 处。按 5 cm、10 cm、15 cm和 20 cm 深度顺序由东向西排列,感应部分向北,表间相隔约 10 cm。安装曲管地温表的时候,动作应该十分轻缓,以免损坏仪器。

先要在地段的中央,东西线上,挖一条长约 40 cm(图 2.9 中 OB 线的长度)、宽 25~30 cm 的斜沟,沟的北壁垂直,但不是正好东西向,而是偏北与东西约成 30°角(图 2.9 左图上,OB 线为正东西向,OA 线为向北偏离),使得温度表的露出部分正好在东西一条线上。小沟挖好后,在试验沟北壁用卷尺(或直尺)量出地温表应安置的深度,各挖一个水平的洞穴,洞的大小比曲管地温表的球部稍大,然后将地温表放入坑内,同时要将细土紧贴地温表的球部,在沟里填满土,使得与整个地段一样持平。

正确装好的地温表，用三角板来检查，应该与地面成45°的角（见图2.9中右图），地温表应当用两根木棍做成的支架支住，安装好的曲管地温表如图2.4所示。

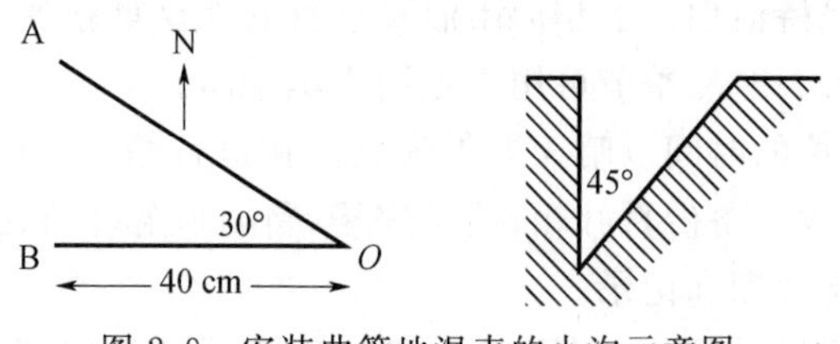


图2.9　安装曲管地温表的小沟示意图

3. 直管地温表的安装

直管地温表安置在观测场南边有自然覆盖2 m×4 m的地段上，与地面最低温度表和曲管地温表成一直线，从东到西由浅入深排列，彼此间隔50 cm。如有钻孔设施按要求深度钻孔，无此设施的则挖坑，但要尽量少破坏土层。然后将硬橡胶套管铅直埋好，周围捣实即可。不过埋置套管时，注意严格掌握各温度表的深度标准。

## 九、温度的观测

1. 气温的观测

在常规地面气象观测中，温度在每天02时、08时、14时、20时（北京时）进行定时观测。最高温度和最低温度每天观测一次，在20时进行，读数后要对最高温度表和最低温度表进行调整；高温季节则在08时观测地面最低温度后，将最低温度表取回室内，以防爆裂，20时观测前一刻钟将其放回原处。

小百叶箱内的气温由干球温度表读取，每次定时观测均要进行读数。因百叶箱内的小环境有别于外界环境，开箱后气温变化迅速，故读数除遵循一般玻璃液体温度表的读数原则外，应更为敏捷迅速，且不能面对温度表呼吸。读数完毕关好百叶箱门后再作记录。当气温低于－36.0℃时，因水银已接近凝固点，故改用酒精温度表观测气温。若无备用酒精温度表，可用最低温度表酒精柱的示度来测定空气温度。

小百叶箱内的观测顺序是：干球温度表、湿球温度表、最高温度表、最低温度表、毛发湿度表。

大百叶箱是先观测自记温度计，后观测毛发湿度计，读数后均要做时间记号。

2. 自记温度计的观测

定时观测自记温度计时，根据笔尖在自记纸上的位置观测读数，读数后要作时间记号。方法是轻轻按动一下仪器外侧右壁的计时按钮（如无计时按钮，应轻压自记笔杆在自记纸上作时间记号），使自记笔尖在自记纸上划一垂线。

(1)自记纸的更换

自记纸每天更换,具体步骤如下:

①在记录终止处做记号(方法同定时观测做时间记号)。

②掀开盒盖,拔出笔挡,取下自记钟筒(不取也可以),在自记迹线终端上角记下记录终止时间。

③松开压纸条,取下记录纸,上好钟机发条(视自记钟的具体情况而定,切忌上得过紧),换上填写好站名、日期的新纸。上纸时,要求自记纸卷紧在钟筒上,两端的刻度线要对齐,底边紧靠钟筒突出的下缘,并注意勿使压纸条挡住有效记录的起止时间线。

④在自记迹线开始记录一端的上角,写上记录开始时间,按反时针方向旋转自记钟筒(以消除大小齿轮间的空隙),使笔尖对准记录开始的时间,拨回笔挡并做一时间记号。

⑤检查笔尖墨水。如果笔尖墨水用完或很少,要对笔尖及时添加墨水,但不要过满,以免墨水溢出。

⑥如果笔尖出水不顺畅或划线粗涩,应用光滑坚韧的薄纸疏通笔缝。疏通无效,更换笔尖。新笔尖先用酒精擦拭除油,再上墨水。更换笔尖要注意自记笔杆的长度必须与原来的长度等长。

⑦盖好仪器的盒盖。

自计温度计的误差比较大,只有进行了时间订正与记录订正后的数据才是可用的。

(2)自记记录的订正

由于自记钟转动的快慢,感应部件反应的滞后,传递机械的摩擦等原因,自记纸上的读数往往存在误差,这需要进行时间订正和读数订正。

①时间订正

时间订正是以观测时所做的时间记号作为订正的依据。时间记号超过正点线时,时差为正;时间记号不到正点线时,时差为负。具体订正方法如下:

总变差($T$)等于本次时间差($T_n$)与上次时间差($T_0$)之差,即:$T=T_n-T_0$。

各时变差($\Delta T$)等于总变差除以两次定时观测时间间隔 $n$(小时),即:$\Delta T=T/n$。

各时时间差($\Delta T_n$)等于上次时间差 $T_0$ 加上各时变差 $\Delta T$ 与上次观测的时间间隔 $n$(h)之乘积,即:$\Delta T_n=T_0+\Delta T\cdot n$。

各时的正确时间等于自记纸上各正点时间加上当时的时间差,并将各时的正确时间用铅笔在自记纸上画出时间记号。

②读数订正

读数订正的具体订正方法如下:

先记下 02 时、08 时、14 时、20 时四次定时观测的实测温度值(经过器差订正后的干球温度)，读出02时、08时、14时、20时的温度计读数值，并算出这四次的器差；然后按各时间记号读出其他各时的温度计读数值，并分别求出各时器差；最后求出各时的正确值。

3. 地温的观测

地温表的观测顺序是：地面普通温度表、地面最高温度表、地面最低温度表，5 cm、10 cm、15 cm、20 cm曲管地温表，40 cm、80 cm、160 cm、320 cm直管地温表。

观测地面温度时不能将温度表拿离地面；观测曲管地温表时，要使视线与水银柱顶端平齐，若温度表表身有露水或雨水，可用手轻轻擦掉，但不能触摸感应部位。

## 十、注意事项

(1)熟悉仪器的刻度。初次使用一支温度表，应先了解其最小刻度单位，以免读错。

(2)避免视差。读数时视线应平视，先读小数，后读整数，精确到一位小数，做好记录后还要复读一遍，并做器差订正后才能使用。

(3)动作迅速。因温度表感应较快，所以读数时动作要迅速；同时注意勿使头、手等接近温度表感应球部，尽量不要对着温度表呼吸，尽量减少人为影响。

(4)复读。防止出现1 ℃、2 ℃、5 ℃和10 ℃的读数误差。

(5)保持仪器清洁。温度计要保持清洁，对感应部分不要用手及其他物体去碰，当感应部分有灰尘时可用细毛笔及时刷掉，并经常注意自记记录是否清晰，有无中断现象，笔尖墨水是否足够，自记钟是否停摆等。

## 十一、温度表断柱的维修方法

当温度表水银(或酒精)柱发生断柱时，可用下述方法修理。

1. 撞击法

用手握住球部，使之处于掌心，将握住球部的手在其他较软的东西上面撞击，撞击时手握球部要稳，表身要保持垂直。也可用一只手握住表的中部并使球部朝下，然后用握表的手腕在另一手掌上撞击。手握表松紧要适宜，撞击时应保持表身垂直。

2. 加热法

只适用于毛细管顶管空腔较大且中断部位离空腔较近的水银温度表。具体方法是先盛半杯冷水，将温度表球部插入水中，缓缓加入热水，使温度逐渐上升，直至水银丝上部中断部分及气泡全部升入空腔后，轻轻震动温度表上部，气泡即可升至顶端。在操作中加热不能太快，尤其当水银丝快接近空腔时，更应缓慢。当水银充满空腔的1/3时，不宜再升高温度，否则会引起球部破裂。中断排除后，应迅速甩动温度表，将气泡完全排除。处理后应放置一段时间再使用。

3. 冷却法

将断柱温度表置于极低温的环境中，使诸段液柱收缩并全部回流到球部，这样就可以排除断柱间的气体而衔接好。

## 作业

1. 普通温度表、最高温度表和最低温度表的构造原理有何不同？

2. 最高温度表、最低温度表的观测及调整方法如何？

3. 最高温度表与最低温度表为什么可以测出某一时段的最高温度与最低温度？

4. 百叶箱的作用是什么？为什么百叶箱的外壁要漆成白色？百叶箱门为什么朝北？

5. 为什么测定气温的温度表要安置在百叶箱中，而测定地面温度的温度表却放置在露天？

6. 怎样安装曲管地温表？

# 实验三　空气湿度、降水和蒸发的观测

## 一、目的和要求

了解测定空气湿度、降水量、水分蒸发观测仪器的工作原理、构造特点、安装要求、使用及一般的维护方法，要求正确掌握干湿球温度换算或查算空气湿度的方法、观测仪器正确安装，准确读数，规范记录。

## 二、所需仪器

1. 空气湿度测量仪器

百叶箱干湿球温度表、通风干湿球温度表、毛发湿度表、毛发湿度计。

2. 降水量的测量仪器

雨量器、虹吸式雨量计。

3. 水分蒸发量的测量仪器

小型蒸发器。

## 三、实验内容

1. 介绍空气湿度的观测。

2. 介绍利用通风干湿球温度表的干湿球温度，用《通风干湿球温度用相对湿度查算表》查算通风干湿球温度下的空气相对湿度的方法。

3. 介绍利用百叶箱干湿球温度，用《湿度查算表》查算或用公式计算水汽压、相对湿度、饱和差和露点温度的方法。

4. 介绍降水量、水分蒸发量的观测。

## 四、常用测量空气湿度的仪器

### (一)百叶箱干湿球温度表

1. 组成

百叶箱干湿球温度表(简称干湿球温度表,下同)由两支型号完全一样的温度表组成。一支用于测定空气温度,称干球温度表,另一支球部包扎着气象观测专用的脱脂纱布,并将纱布一端浸在蒸馏水杯里,使纱布保持湿润状态,称湿球温度表。两支温度表垂直悬挂在小百叶箱内的支架上,球部朝下,干球在东,湿球在西。

2. 测湿原理

湿球球部被纱布湿润后表面有一层水膜。空气未饱和时,湿球表面的水分不断蒸发,所消耗的潜热直接取自湿球周围的空气,使得湿球温度低于空气温度(即干球温度),它们的差值称作“干湿球温差”。干湿球温差的大小,取决于湿球表面的蒸发速度;而蒸发速度决定于空气的潮湿程度。若空气比较干燥,水分蒸发快,湿球失热多,则干湿球温差大;反之,若空气比较潮湿,则于湿球温差小。因此,可以根据干湿球温差来确定空气湿度。此外,蒸发速度还与气压、风速等有关。

3. 使用和观测方法

干湿表的观测读数方法与气温观测相同。观测时应注意给浸润纱布的水杯添满蒸馏水,纱布要保持清洁,一般每周更换一次。纱布包扎方法是:采用气象观测专用吸水性能良好的纱布包扎湿球球部。包扎时,将长约 10 cm 的新纱布在蒸馏水中浸湿,平贴无皱褶地包卷在水银球上,纱布的重叠部分不要超过球部圆周的 1/4。包好后,用纱线把高出球部上面和球部下面的纱布扎紧,并剪掉多余的纱线。纱布放入水杯中时,要折叠平整。冬季只要气温不低于－10 ℃,仍用干湿球温度表测定空气湿度。当湿球出现结冰时,为保持湿球的正常蒸发,应将纱布在球部以下 2～3 mm 处剪掉(图 3.1),将水杯拿回室内。观测前要进行湿球融冰。其方法是:把整个湿球浸入蒸馏水水杯内,使冰层完全融化,蒸馏水水温与室温相当。当湿球的冰完全融化,移开水杯后应除去纱布上的水滴。待湿球温度读数稳定后,进行干、湿球温度的读数并做记录。读数后应检查湿球是否结冰(用铅笔侧棱试试纱布软硬)。如已结冰,应在湿球温度读数右上角记上“B”字,待查算湿度用。

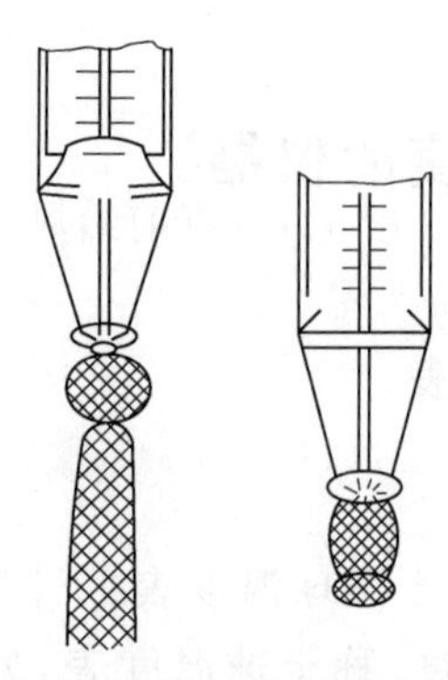
图 3.1　湿球纱布包扎和冻结时纱布剪掉示意图

## (二)通风干湿球温度表

1. 仪器构造

通风干湿球温度表(阿斯曼表)的构造如图 3.2 所示。两支型号完全一样的温度表被固定在金属架上,感应部安装在保护套管内,套管表面镀有反射力强的镍或铬,避免太阳直接辐射的影响。保护套管的两层金属间空气流通,所以通风干湿球温度表是野外观测空气温、湿度的常用仪器。

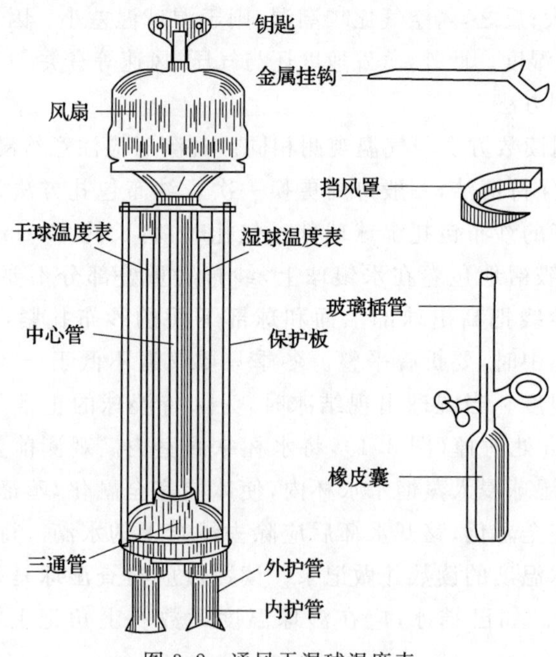

图 3.2　通风干湿球温度表

2. 使用和观测方法

将仪器挂在测杆上，为使仪器感应部分与周围空气的热量交换达到平衡，使用前应暴露 10 min 以上(冬季约 30 min)，观测前给风扇上足发条，在读数前 4～5 min(干燥地区 2～3 min)将湿球纱布湿润后才能进行观测。

上发条时应手握仪器颈部，发条不要上得太紧。悬挂高度视要求而定，待湿球温度读数稳定后开始读数(先干球，后湿球)。读数时要从下风方向去接近仪器，不要用手接触保护管，身体也不要与仪器靠得太近。当风速大于 4 m/s 时，应将挡风罩套在风扇的迎风面上。

## (三)毛发湿度表

1. 构造及安装

毛发湿度表是用脱脂人发制成的测定空气相对湿度的仪器(图 3.3)。潮湿时，脱脂人发吸附空气中的水分后会伸长，干燥时会缩短，故能用它来测湿。空气相对湿度由 0 变化到 100%时，毛发的伸长量是原长度的 2.5%，并且毛发长度随相对湿度的变化是非线性的关系，在 30%到 100%的范围内近似对数关系，在半对数坐标纸上 30%以上呈直线，如图 3.4 所示。一般相对湿度较大时，毛发的伸长量小些。故毛发湿度表的刻度盘在低值一端刻度稀疏些，高值一端刻度密集些。

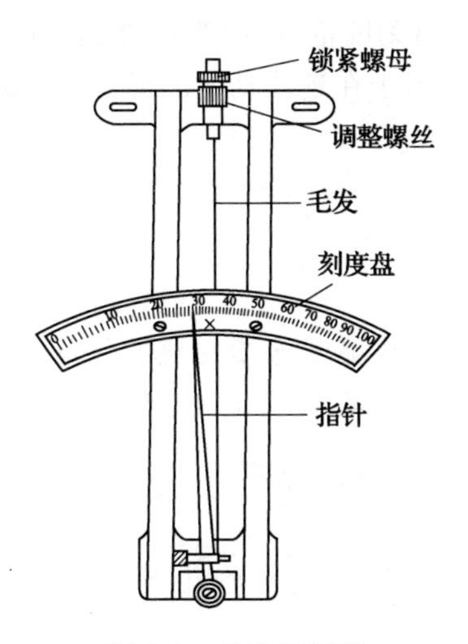


图 3.3　毛发湿度表

毛发的热膨胀系数极不规律，毛发在 1.5 ℃时最长，从 15 ℃到 1.5 ℃之间，毛发的长度随温度的降低而伸长，由 1.5 ℃开始又随温度的下降而迅速变短。此外，作为毛发湿度表的金属架，其热膨胀系数与毛发的不同，也会由温度效应造成的测湿误差。

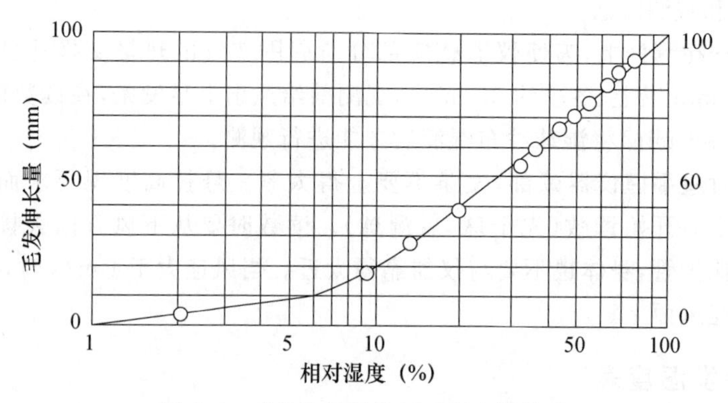


图 3.4 毛发伸长量与相对湿度的关系

毛发湿度表的精度较差,故日平均气温高于－10 ℃时,它的读数只作参考,只在气温为－10 ℃以下时它的读数经订正后作为正式记录使用。

2. 观测记录方法

按当时指针指示的位置观测读数(读取整数,小数四舍五入),观测时,如果怀疑指针由于轴的摩擦或针端碰到刻度尺而被卡住,可以轻轻地敲一下毛发湿度表架,可重新读数,并将仪器情况记入备注栏。

如果读数时发现指针超出刻度范围,应当用外延法读数,按 90 到 100 的刻度尺距离外延到 110,估计指针相当于在延伸刻度的那一个分划线上,得出读数加“()”记入观测表。

## (四)毛发湿度计

1. 构造及工作原理

毛发湿度计是自动记录相对湿度连续变化的仪器,它由感应部分(脱脂人发)、传递放大(曲臂杠杆)部分及自记部分(自记钟、纸、笔)组成,见图 3.5。

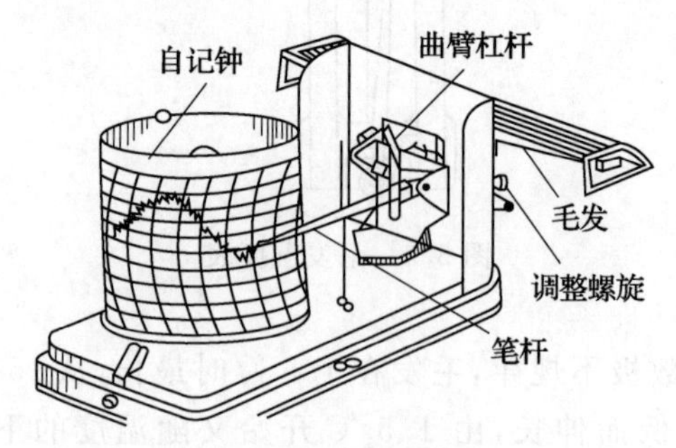


图 3.5 毛发湿度计

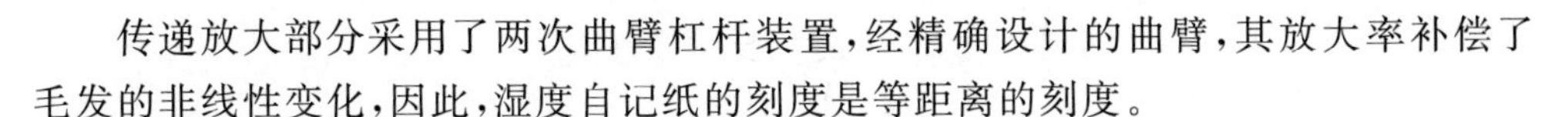

传递放大部分采用了两次曲臂杠杆装置，经精确设计的曲臂，其放大率补偿了毛发的非线性变化，因此，湿度自记纸的刻度是等距离的刻度。

2. 观测记录方法

湿度计的使用同温度计。湿度计读数时取整数，当笔尖超过100%时，估计读数，若笔尖超出钟筒，记录为“—”，表示缺测。

## 五、降水量的观测仪器

测定降水量的仪器有雨量器、虹吸式雨量计和量雪尺、称雪器等。

### (一)雨量器

1. 雨量器的构造

雨量器为一金属圆筒，目前我国所用的是筒口直径为20 cm的雨量器，它的构造如图3.6所示，包括：承水器、漏斗、收集雨量的储水瓶和储水筒，并配有专用的量杯。承水器口做成内直外斜的刀刃形，防止多余的雨水溅入，提高测量的精确性。冬季下大雪时，为了避免降雪堆积在漏斗中，被风吹出或倾出器外，可将漏斗取下或将漏斗口换成同面积的承雪口使用。

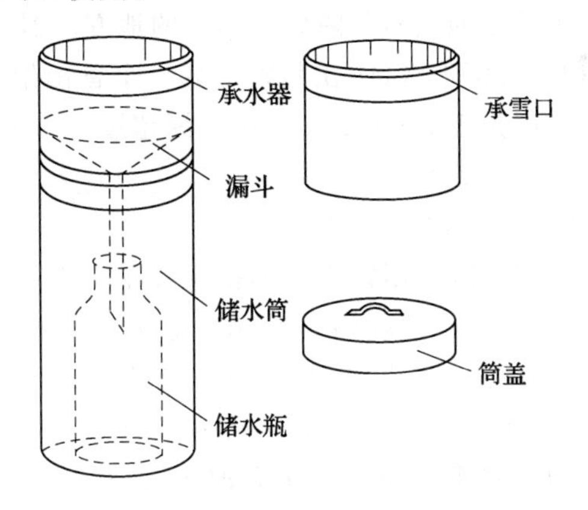


图3.6　雨量器

雨量杯(图3.7)是一个特制的玻璃杯，杯上的刻度一般为0～10.5 mm，每一小格为0.1 mm，每一大格为1 mm。

2. 降水量的计算

如因专用量杯被损坏，需用其他的量杯代替时，就必须进行换算。例如，当雨量器半径为$r$，用普通量杯测量储水瓶中降水的体积为$V$，则降水量$R$为：

$$R=V/\pi r^2$$

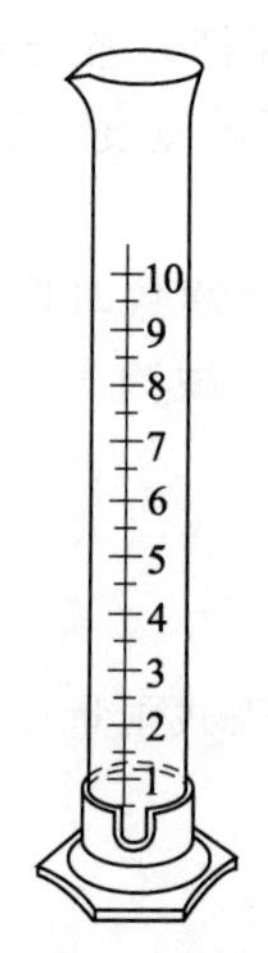


图 3.7 雨量杯

例:某日用普通量杯测量由直径为 20 cm 的雨量器收集的降雨量的体积为 471 $cm^3$，则此日的降雨量 $R$ 为:

$$R=471/3.14\times10^2=1.5\ \text{cm}=15.0\ \text{mm}$$

3. 雨量器的安装

安置在观测场内,不受四周仪器及障碍物影响的地方。器口距地面高度 70 cm,并应保持水平。冬季积雪较深地区,应在其附近装一个备份架子。当雨量器安装在此架子上时,器口距地高度为 1.0～1.2 m。在雪深超过 30 cm 时,就应把仪器移至备份架子上进行观测。

4. 降水量的观测和记录方法

把储水瓶内的水倒入量杯中,用食指和拇指夹住量杯上端,使其自由下垂,视线与凹面最低处平齐,读取刻度数,精确到 0.1 mm,记入观测簿。

当没有降水时,降水量记录栏空白不填;当降水量不足 0.05 mm 或观测前确有微量降水,但因蒸发过速,观测时已经没有了,降水量应记 0.0。

冬季出现固态降水时,须将漏斗和储水瓶取出,直接用储水筒容纳降水。观测时将储水筒盖上盖子,取回室内,待固态水融化后,用雨量杯量取或用台秤称量。

在炎热干燥的日子,降水停止后要及时进行补充观测,以免蒸发过速,影响记录的准确。

### (二)虹吸式雨量计

虹吸式雨量计能够自动连续记录液体降水的降水量,所以通过降水记录可以观测到降水量、降水起止时间、降水强度。台站所用的虹吸式雨量计的承水器口径一般为 20 cm。

1. 仪器构造

虹吸式雨量计的构造如图 3.8 所示。降雨时雨水通过承水器、漏斗进入浮子室后，其中水面即升高，浮子和笔杆也随着上升。随着容器内水集聚的快慢，笔尖即在自记纸上记出相应的曲线，表示降水量及其随时间的变化。当笔尖到达自记纸上限时（一般相当于 10 mm 或 20 mm 降水量），容器内的水就从浮子室旁的虹吸管排出，流入管下的标准容器中，笔尖即落到 0 线上。若仍有降水，则笔尖又重新开始随之上升。降水强度大时，笔尖上升得快，曲线陡；反之，降水强度小时，笔尖上升慢，曲线平缓。因此，自记纸上曲线的斜率就表示出降水强度的大小。由于浮子室的横截面积比承水器筒口的面积小，因此，自记笔所画出的降水曲线是经过放大的。

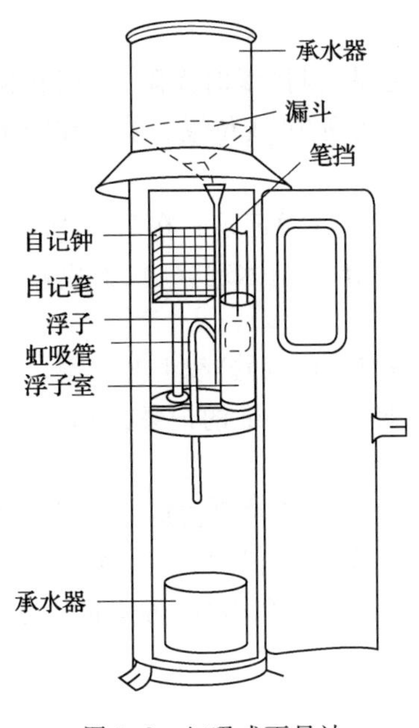


图 3.8　虹吸式雨量计

2. 仪器安装

(1)雨量计应安装在观测场内雨量器附近。承水器口离地面高以仪器自身高度为准，器口应水平，并用三根线绳拉紧。

(2)把雨量计外壳安装在埋入土中的木柱或水泥底座上，然后按以下(3)～(5)顺序安放内部零件。

(3)将容器放在规定的位置上，使管子上的漏斗刚好位于承水器流水小管的下面。再旋紧台板下的螺丝，将容器紧紧固定。

(4)将卷好自记纸的钟筒套入钟轴上,注意钟筒下的齿轮与座轴上的大齿轮衔接好。

(5)将虹吸管短的一端插入容器的旁管中,使铜套管抵住连接器。使用时,将自记钟上好发条,装上自记纸,给自记笔尖上好墨水,并将笔尖置于自记纸的“0”刻度线上。

3. 自记纸更换

(1)无降水时,自记纸可连续使用 8～10 d,每天于换纸时间加注 1.0 mm 水量,使笔尖抬高笔位,以免每日的迹线重叠。转过钟筒,重新对好时间。

(2)有降水时(自记迹线≥0.1 mm)时,必须在规定时间换纸,自记记录开始和终止的两端须作时间记号,方法是:轻抬固定在浮子直杆上的自记笔根部,使笔尖在自记纸上划一短垂线。若记录开始或终止时有降水,则应用铅笔作时间记号。

(3)当自记纸上有降水记录,但换纸时无降水,则在换纸时应做人工虹吸(注水入承水器,产生虹吸),使笔尖回到“0”线位置。若正在降水,则不做人工虹吸。

4. 观测和记录方法

(1)从自记纸上读取降水量,并做记录。在寒冷季节若遇固体降水,凡是随降随融化的仍照常读数和记录。若出现结冰现象,仪器应停止使用,同时将浮子室内的水排尽,以免结冰损坏仪器。

(2)在降水微小的时候,自记纸上的迹线上升缓慢,只有在累积量达 0.05 mm 或以上才计算降水量。其余不足 0.05 mm 的记录为 0。

5. 自记纸整理

时间差订正,凡是 24 h 自记钟计时误差达一分钟或以上时,自记纸均须作时间差订正。以实际时间为准,根据换下自记纸上的时间记号,求出自记钟在 24 h 内计时误差的总变量,将其平均分配到每个小时,再用铅笔在自记迹线上做出各正点的时间记号。

## 六、蒸发量的观测仪器

由于蒸发而消耗的水量即蒸发量。气象台站测定的蒸发量是指一定口径的蒸发器中的水因蒸发而消耗的厚度,单位为 mm,精确到 0.1 mm。下面以小型蒸发器为例来介绍水分蒸发量的观测。

1. 仪器构造

小型蒸发器如图 3.9 所示,由一直径 20 cm、高 10 cm 金属圆盆和一铁丝罩组成。圆盆口缘镶有铜圈,内直外斜,呈刀刃状,作用是分离雨水。铁丝罩罩在圆盆口缘上,防止鸟兽饮水。

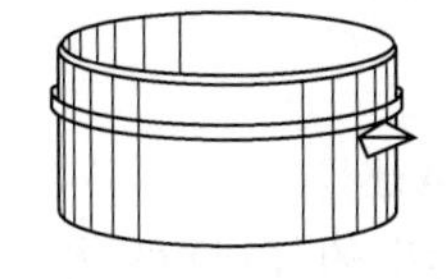


图 3.9　小型蒸发器及铁丝罩

2. 仪器安装

小型蒸发器安放在雨量筒附近。具体要求：终日能受到光照，口缘距离地表 70 cm，器口水平。冬季积雪较深时安装位置参照雨量筒。

3. 观测记录

每天 20 时观测，首先测量并记录经过 24 h 后蒸发器内剩余水量（即余量），然后重新注入 20 mm 清水（即原量），蒸发旺盛时可增加至 30 mm，并记入第二天观测簿原量栏。

20 时获得的 24 h 蒸发量：原量＋前 24 h 降水量－余量。

如果蒸发器内水蒸干，则记为＞20.0 mm（或＞30.0 mm）。

4. 注意事项

结冰时用称量法测定，一般季节采用量杯量或称量均可。如果结冰后表面有尘沙，则应除去尘沙再称量。

有降水时应去掉铁丝罩；有强烈降水时应随时注意从器内取出一定水量，以防溢出。取出的水记录为该日的余量。

5. 仪器维护

每天观测后均应清洗干净。定期检查蒸发器是否漏水。定期检查蒸发器器口是否水平。

由于受蒸发器口径大小，安置状态等因素的影响，小型蒸发器的准确性较差，仅能代表该处特定环境下的蒸发量，但小型蒸发器构造简单，操作方便，且有较长期的观测资料，通过比较，所得资料仍有一定的使用价值。因此，目前仍然普遍使用。

## 七、干湿球温度表测湿方法

该方法有查算法和公式计算法两种。

只要测得干球温度 $t$、湿球温度 $t'$ 和大气压强 $P$，根据 $t'$ 值，用查算法或公式计算法，算出实际水汽压 $e$ 值，进一步可计算出相对湿度（$r$）、饱和差（$d$）、露点温度（$t_d$）等湿度物理量。

## (一)查算法

1. 湿度查算表的概述

根据干球温度表读出的气温($t$),排在湿度查算表的每一纵行里,温度排列自左往右增高,但这些温度没有注明 $t$ 的符号,所以查表时应注意。见表 3.1。

干球温度在－30.0～－0.1 ℃的范围内,干球温度第一位小数在 0.1～0.5 范围的排列在双页上,小数在 0.6～0.0 范围的排在单数页上。

干球温度≥0.0(正值)时,则第一位小数等于或大于 5(0.5～0.9)的排列在双数页上,小于 5(0.0～0.4)的排列在单数页上。

订正值($n$)排在每一页的第一和最后一行,湿球温度($t'$),实际水汽压($e$),相对湿度($r$)和饱和差($d$)均排在相应纵行下。

2. 干湿球温度值用湿度查算表换算空气湿度的方法

气压不是 1000 hPa 时,必须把湿球温度读数订正到 $P$＝1000 hPa,就是说湿度必须加气压订正。当 $P$＜1000 hPa 时,将此订正值加在湿球温度读数上(即 $\Delta t'$ 的订正值为正);湿球温度经过订正后,就可以用干球温度和经过订正的湿球温度,从表中找出当时的湿度来(此湿度数字已经气压订正和风速订正)。见表 3.2 和表 3.3。

**表 3.1 湿度查算表(一部分)**

| 湿球结冰 | | | | | | | | | | | | | | | | | | | | | |
|---|---|---|---|---|---|---|---|---|---|---|---|---|---|---|---|---|---|---|---|---|---|
| $n$ | $t'$ | $e$ | $r$ | $d$ | $t'$ | $e$ | $r$ | $d$ | $t'$ | $e$ | $r$ | $d$ | $t'$ | $e$ | $r$ | $d$ | $t'$ | $e$ | $r$ | $d$ | $n$ |
| | －5.0 | | | | －4.9 | | | | －4.8 | | | | －4.7 | | | | －4.6 | | | | |
| 10 | －7.6 | 1.2 | 28 | 3.0 | －7.5 | 1.2 | 28 | 3.0 | －7.4 | 1.2 | 29 | 3.1 | －7.3 | 1.3 | 29 | 3.0 | －7.2 | 1.3 | 29 | 3.0 | 10 |
| 9 | －7.5 | 1.3 | 30 | 2.9 | －7.4 | 1.3 | 31 | 2.9 | －7.3 | 1.3 | 31 | 3.0 | －7.2 | 1.4 | 31 | 2.9 | －7.1 | 1.4 | 32 | 2.9 | 9 |
| 9 | －7.4 | 1.4 | 33 | 2.8 | －7.3 | 1.4 | 33 | 2.8 | －7.2 | 1.4 | 33 | 2.9 | －7.1 | 1.5 | 34 | 2.8 | －7.0 | 1.5 | 34 | 2.8 | 9 |
| 8 | －7.3 | 1.5 | 35 | 2.7 | －7.2 | 1.5 | 36 | 2.7 | －7.1 | 1.5 | 36 | 2.8 | －7.0 | 1.6 | 36 | 2.7 | －6.9 | 1.6 | 37 | 2.7 | 8 |
| 8 | －7.2 | 1.6 | 38 | 2.6 | －7.1 | 1.6 | 39 | 2.6 | －7.0 | 1.6 | 39 | 2.7 | －6.9 | 1.7 | 39 | 2.6 | －6.8 | 1.7 | 39 | 2.6 | 8 |
| 8 | －7.1 | 1.7 | 40 | 2.5 | －7.0 | 1.7 | 41 | 2.5 | －6.9 | 1.8 | 41 | 2.5 | －6.8 | 1.8 | 42 | 2.5 | －6.7 | 1.8 | 42 | 2.5 | 8 |
| 7 | －7.0 | 1.8 | 43 | 2.4 | －6.9 | 1.8 | 44 | 2.4 | －6.8 | 1.9 | 44 | 2.4 | －6.7 | 1.9 | 44 | 2.4 | －6.6 | 1.9 | 44 | 2.4 | 7 |
| 7 | －6.9 | 1.9 | 46 | 2.3 | －6.8 | 2.0 | 46 | 2.2 | －6.7 | 2.0 | 47 | 2.3 | －6.6 | 2.0 | 47 | 2.3 | －6.5 | 2.0 | 47 | 2.3 | 7 |
| 7 | －6.8 | 2.0 | 48 | 2.2 | －6.7 | 2.1 | 49 | 2.1 | －6.6 | 2.1 | 49 | 2.2 | －6.5 | 2.1 | 50 | 2.2 | －6.4 | 2.2 | 50 | 2.1 | 7 |
| 6 | －6.7 | 2.1 | 51 | 2.1 | －6.6 | 2.2 | 51 | 2.0 | －6.5 | 2.2 | 51 | 2.1 | 6.4 | 2.2 | 52 | 2.1 | －6.3 | 2.3 | 52 | 2.0 | 6 |
| 6 | －6.6 | 2.2 | 53 | 2.0 | －6.5 | 2.3 | 54 | 1.9 | －6.4 | 2.3 | 54 | 2.0 | 6.3 | 2.3 | 55 | 2.0 | －6.2 | 2.4 | 55 | 1.9 | 6 |
| 14 | －8.7 | 0.2 | 5 | 4.0 | －8.6 | 0.2 | 6 | 4.0 | －8.5 | 0.3 | 7 | 4.0 | －8.4 | 0.3 | 7 | 4.0 | －8.3 | 0.3 | 8 | 4.0 | 14 |

续表

| 湿球不结冰 | | | | | | | | | | | | | | | | | | | | | |
|---|---|---|---|---|---|---|---|---|---|---|---|---|---|---|---|---|---|---|---|---|---|
| *n* | *t′* | *e* | *r* | *d* | *t′* | *e* | *r* | *d* | *t′* | *e* | *r* | *d* | *t′* | *e* | *r* | *d* | *t′* | *e* | *r* | *d* | *n* |
| | −5.0 | | | | −4.9 | | | | −4.8 | | | | −4.7 | | | | −4.6 | | | | |
| 13 | −8.6 | 0.3 | 8 | 3.9 | −8.5 | 0.4 | 9 | 3.8 | −8.4 | 0.4 | 9 | 3.9 | −8.3 | 0.4 | 10 | 3.9 | −8.2 | 0.4 | 10 | 3.9 | 13 |
| 13 | −8.5 | 0.4 | 10 | 3.8 | −8.4 | 0.5 | 11 | 3.7 | −8.3 | 0.5 | 11 | 3.8 | −8.2 | 0.5 | 12 | 3.8 | −8.1 | 0.5 | 12 | 3.8 | 13 |
| 13 | −8.4 | 0.5 | 13 | 3.7 | −8.3 | 0.6 | 13 | 3.6 | −8.2 | 0.6 | 14 | 3.7 | −8.1 | 0.6 | 14 | 3.7 | −8.0 | 0.6 | 15 | 3.7 | 13 |
| 12 | −8.3 | 0.6 | 15 | 3.6 | −8.2 | 0.7 | 16 | 3.5 | −8.1 | 0.7 | 16 | 3.6 | −8.0 | 0.7 | 17 | 3.6 | −7.9 | 0.8 | 17 | 3.5 | 12 |
| 12 | −8.2 | 0.8 | 18 | 3.4 | −8.1 | 0.8 | 18 | 3.4 | −8.0 | 0.8 | 19 | 3.5 | −7.9 | 0.8 | 19 | 3.5 | −7.8 | 0.9 | 20 | 3.4 | 12 |
| 11 | −8.1 | 0.9 | 20 | 3.3 | −8.0 | 0.9 | 21 | 3.3 | −7.9 | 0.9 | 21 | 3.4 | −7.8 | 0.9 | 22 | 3.4 | −7.7 | 1.0 | 22 | 3.3 | 11 |
| 11 | −8.0 | 1.0 | 23 | 3.2 | −7.9 | 1.0 | 24 | 3.2 | −7.8 | 1.0 | 24 | 3.3 | −7.7 | 1.0 | 24 | 3.3 | −7.6 | 1.1 | 25 | 3.2 | 11 |
| 11 | −7.9 | 1.1 | 25 | 3.1 | −7.8 | 1.1 | 26 | 3.1 | −7.7 | 1.1 | 26 | 3.2 | −7.6 | 1.2 | 27 | 3.1 | −7.5 | 1.2 | 27 | 3.1 | 11 |
| | 15.0 | | | | 15.1 | | | | 15.2 | | | | 15.3 | | | | 15.4 | | | | |
| 14 | 9.2 | 7.0 | 41 | 10.1 | 9.3 | 7.1 | 41 | 10.1 | 9.4 | 7.2 | 42 | 10.1 | 7.3 | 7.3 | 42 | 10.1 | 9.6 | 7.3 | 42 | 10.2 | 14 |
| 14 | 9.3 | 7.2 | 42 | 9.9 | 9.4 | 7.3 | 42 | 9.9 | 9.5 | 7.3 | 42 | 10.0 | 7.4 | 7.4 | 43 | 10.0 | 9.7 | 7.5 | 43 | 10.0 | 14 |
| 14 | 9.4 | 7.3 | 43 | 9.8 | 9.5 | 7.4 | 43 | 9.8 | 9.6 | 7.5 | 43 | 9.8 | 7.6 | 7.6 | 44 | 9.8 | 9.8 | 7.7 | 44 | 9.8 | 14 |
| 13 | 9.5 | 7.5 | 44 | 9.6 | 9.6 | 7.6 | 44 | 9.6 | 9.7 | 7.6 | 44 | 9.7 | 7.7 | 7.7 | 44 | 9.7 | 9.9 | 7.8 | 45 | 9.7 | 13 |
| 13 | 9.6 | 7.7 | 45 | 9.4 | 9.7 | 7.7 | 45 | 9.5 | 9.8 | 7.8 | 45 | 9.5 | 7.9 | 7.9 | 45 | 9.5 | 10.0 | 8.0 | 46 | 9.5 | 13 |
| 13 | 9.7 | 7.8 | 46 | 9.3 | 9.8 | 7.9 | 46 | 9.3 | 9.9 | 8.0 | 46 | 9.3 | 8.1 | 8.1 | 46 | 9.3 | 10.1 | 8.2 | 47 | 9.3 | 13 |
| 13 | 9.8 | 8.0 | 47 | 9.1 | 9.9 | 8.1 | 47 | 9.1 | 10.0 | 8.2 | 47 | 9.1 | 8.2 | 8.2 | 47 | 9.2 | 10.2 | 8.3 | 47 | 9.2 | 13 |
| 12 | 9.9 | 8.2 | 48 | 8.9 | 10.0 | 8.2 | 48 | 9.0 | 10.1 | 8.3 | 48 | 9.0 | 8.4 | 8.4 | 48 | 9.0 | 10.3 | 8.5 | 48 | 9.0 | 12 |
| 12 | 10.0 | 8.3 | 49 | 8.8 | 10.1 | 8.4 | 49 | 8.8 | 10.2 | 8.5 | 49 | 8.8 | 8.6 | 8.6 | 49 | 8.8 | 10.4 | 8.6 | 49 | 8.9 | 12 |

**表 3.2　湿球温度订正值($\Delta t'$)查算表(一部分)**

| 通风干湿表 | | | | | | | | | | | *P* | 百叶箱内干湿表 | | | | | | | | | | |
|---|---|---|---|---|---|---|---|---|---|---|---|---|---|---|---|---|---|---|---|---|---|---|
| *n* | 0 | 1 | 2 | 3 | 4 | 5 | 6 | 7 | 8 | 9 | 百帕 | 0 | 1 | 2 | 3 | 4 | 5 | 6 | 7 | 8 | 9 | *n* |
| | + | + | + | + | + | + | + | + | + | + | | + | + | + | + | − | − | − | − | − | − | |
| 0 | 0.0 | 0.0 | 0.1 | 0.1 | 0.1 | 0.1 | 0.2 | 0.2 | 0.2 | 0.2 | | 0.0 | 0.0 | 0.0 | 0.0 | 0.0 | 0.0 | 0.0 | 0.1 | 0.1 | 0.1 | 0 |
| 10 | 0.3 | 0.3 | 0.3 | 0.3 | 0.4 | 0.4 | 0.4 | 0.5 | 0.5 | 0.5 | | 0.1 | 0.1 | 0.1 | 0.1 | 0.1 | 0.1 | 0.1 | 0.1 | 0.1 | 0.2 | 10 |
| 20 | 0.5 | 0.6 | 0.6 | 0.6 | 0.6 | 0.7 | 0.7 | 0.7 | 0.7 | 0.8 | 1040 | 0.2 | 0.2 | 0.2 | 0.2 | 0.2 | 0.2 | 0.2 | 0.2 | 0.2 | 0.2 | 20 |
| 30 | 0.8 | 0.8 | 0.9 | 0.9 | 0.9 | 0.9 | 1.0 | 1.0 | 1.0 | 1.0 | | 0.2 | 0.2 | 0.3 | 0.3 | 0.3 | 0.3 | 0.3 | 0.3 | 0.3 | 0.3 | 30 |
| 40 | 1.1 | 1.1 | 1.1 | 1.1 | 1.2 | 1.2 | 1.2 | 1.3 | 1.3 | 1.3 | | 0.3 | 0.3 | 0.3 | 0.3 | 0.4 | 0.4 | 0.4 | 0.4 | 0.4 | 0.4 | 40 |

续表

| 通风干湿表 | | | | | | | | | | | P 百帕 | 百叶箱内干湿表 | | | | | | | | | | |
|---|---|---|---|---|---|---|---|---|---|---|---|---|---|---|---|---|---|---|---|---|---|---|
| $n$ | 0 | 1 | 2 | 3 | 4 | 5 | 6 | 7 | 8 | 9 | | 0 | 1 | 2 | 3 | 4 | 5 | 6 | 7 | 8 | 9 | $n$ |
| 0 | 0.0 | 0.0 | 0.1 | 0.1 | 0.1 | 0.1 | 0.2 | 0.2 | 0.2 | 0.3 | | 0.0 | 0.0 | 0.0 | 0.0 | 0.0 | 0.0 | 0.0 | 0.0 | 0.0 | 0.1 | 0 |
| 10 | 0.3 | 0.3 | 0.3 | 0.4 | 0.4 | 0.4 | 0.5 | 0.5 | 0.5 | 0.5 | | 0.1 | 0.1 | 0.1 | 0.1 | 0.1 | 0.1 | 0.1 | 0.1 | 0.1 | 0.1 | 10 |
| 20 | 0.6 | 0.6 | 0.6 | 0.7 | 0.7 | 0.7 | 0.7 | 0.8 | 0.8 | 0.8 | 1030 | 0.1 | 0.1 | 0.1 | 0.1 | 0.1 | 0.2 | 0.2 | 0.2 | 0.2 | 0.2 | 20 |
| 30 | 0.9 | 0.9 | 0.9 | 0.9 | 0.0 | 1.0 | 0.1 | 1.1 | 1.1 | 1.1 | | 0.2 | 0.2 | 0.2 | 0.2 | 0.2 | 0.2 | 0.2 | 0.2 | 0.2 | 0.2 | 30 |
| 40 | 1.1 | 1.2 | 1.2 | 1.2 | 1.2 | 1.3 | 1.3 | 1.3 | 1.4 | 1.4 | | 0.2 | 0.2 | 0.3 | 0.3 | 0.3 | 0.3 | 0.3 | 0.3 | 0.3 | 0.3 | 40 |
| | + | + | + | + | + | + | + | + | + | + | | + | + | + | + | + | + | + | + | + | + | |
| 0 | 0.0 | 0.0 | 0.1 | 0.1 | 0.1 | 0.2 | 0.2 | 0.2 | 0.3 | 0.3 | | 0.0 | 0.0 | 0.0 | 0.0 | 0.0 | 0.0 | 0.0 | 0.0 | 0.0 | 0.0 | 0 |
| 10 | 0.4 | 0.4 | 0.4 | 0.5 | 0.5 | 0.5 | 0.6 | 0.6 | 0.6 | 0.7 | | 0.0 | 0.0 | 0.0 | 0.0 | 0.0 | 0.0 | 0.0 | 0.0 | 0.0 | 0.0 | 10 |
| 20 | 0.7 | 0.7 | 0.8 | 0.8 | 0.8 | 0.9 | 0.9 | 0.9 | 1.0 | 1.0 | 990 | 0.0 | 0.0 | 0.0 | 0.0 | 0.0 | 0.1 | 0.1 | 0.1 | 0.1 | 0.1 | 20 |
| 30 | 1.1 | 1.1 | 1.1 | 1.2 | 1.2 | 1.2 | 1.3 | 1.3 | 1.3 | 1.4 | | 0.1 | 0.1 | 0.1 | 0.1 | 0.1 | 0.1 | 0.1 | 0.1 | 0.1 | 0.1 | 30 |
| 40 | 1.4 | 1.4 | 1.5 | 1.5 | 1.5 | 1.6 | 1.6 | 1.6 | 1.7 | 1.7 | | 0.1 | 0.1 | 0.1 | 0.1 | 0.1 | 0.1 | 0.1 | 0.1 | 0.1 | 0.1 | 40 |
| 0 | 0.0 | 0.0 | 0.1 | 0.1 | 0.1 | 0.2 | 0.2 | 0.3 | 0.3 | 0.3 | | 0.0 | 0.0 | 0.0 | 0.0 | 0.0 | 0.0 | 0.0 | 0.0 | 0.0 | 0.0 | 0 |
| 10 | 0.4 | 0.4 | 0.4 | 0.5 | 0.5 | 0.6 | 0.6 | 0.6 | 0.7 | 0.7 | | 0.0 | 0.0 | 0.0 | 0.1 | 0.1 | 0.1 | 0.1 | 0.1 | 0.1 | 0.1 | 10 |
| 20 | 0.7 | 0.8 | 0.8 | 0.8 | 0.9 | 0.9 | 1.0 | 1.0 | 1.0 | | 980 | 0.1 | 0.1 | 0.1 | 0.1 | 0.1 | 0.1 | 0.1 | 0.1 | 0.1 | 0.1 | 20 |
| 30 | 1.1 | 1.1 | 1.2 | 1.2 | 1.2 | 1.3 | 1.3 | 1.4 | 1.4 | 1.4 | | 0.1 | 0.1 | 0.1 | 0.1 | 0.1 | 0.1 | 0.1 | 0.2 | 0.2 | 0.2 | 30 |
| 40 | 1.5 | 1.5 | 1.5 | 1.6 | 1.6 | 1.7 | 1.7 | 1.7 | 1.8 | 1.8 | | 0.2 | 0.2 | 0.2 | 0.2 | 0.2 | 0.2 | 0.2 | 0.2 | 0.2 | 0.2 | 40 |

例题 1：$t$=15.0 ℃，$t'$=9.2 ℃，$P$=980 hPa。查算该温度下的实际水汽压($e$)、相对湿度($r$ 或 $RH$)和饱和差($d$)。

从表 3.1(或《湿度查算表》的第 59 页)$t$=15.0 ℃一栏中，$t'$=9.2 ℃时，查得订正值 $n$=14。

再从表 3.2(或《湿度查算表》的节 245 页)气压值的右边查出，当 $P$=980 hPa，$n$=14 时，$\Delta t'$=0.1，将 $\Delta t'$=0.1 加到湿球温度值上，得湿球温度订正后数值 $t'$=9.2+0.1=9.3 ℃，然后再从表 3.1(或《湿度查算表》的第 61 页)中，$t$=15.0 ℃ $t'$=9.3 ℃，行内找到$e$=7.2 hPa，$r$=42%，$d$=9.9 hPa。

### (二)根据干湿球温度用公式计算空气湿度的方法

1. 饱和水汽压($e_s$)计算公式为:$e_s=610.78\times e^{\frac{17.269\times t}{237.3+t}}$

2. 实际水汽压的($e$)计算公式为:$e=e_s-A\times P(t-t')$

式中:$A$ 为湿度系数,是与通风速度和温度感应部分的形状有关的测湿系数,根据干湿表型号和通风速度来确定(见表 3.3)。$A$ 受 $t'$ 的影响很小,实际应用时,尤其是作物生长季节(15~25 ℃),为简便起见,常忽略它;

$P$ 为本站气压(hPa)。$P=1000$ hPa 为标准大气压,则 $A\times P=66$ Pa/℃。则,上式变为:

$$e=e_s-66(t-t')$$

3. 干球温度下的相对湿度($r$)的计算公式为:$r=\frac{e}{e_s}\times 100\%$

4. 干球温度下的饱和差($d$)的计算公式为

$$d=e_s-e$$

5. 干球温度下的露点温度($t_d$)的计算公式为

$$t_d=\frac{235}{\frac{7.45}{\lg\frac{e}{6.11}}-1}$$

**表 3.3　不同型号干湿表的测湿系数 A 值**

| 干湿表型号(通风速度:m/s) | $A\times10^{-3}$/℃ | |
|---|---|---|
| | 湿球未结冰 | 湿球结冰 |
| 百叶箱通风干湿表(电动通风 3.5) | 0.667 | 0.388 |
| 通风干湿表(机械或电动通风 2.5) | 0.662 | 0.584 |
| 百叶箱球状干湿表(自然通风 0.4) | 0.857 | 0.756 |
| 百叶箱柱状干湿表(自然通风 0.4) | 0.851 | 0.719 |

## 八、通风干湿表用相对湿度查算表的使用方法

查算前,根据经仪器差订正后的干湿球温度求出干湿球 $\Delta t$,然后再将湿球温度四舍五入取整数值。用通风干湿表用相对湿度查算表(表 3.4)所列 $\Delta t$ 值(表 3.4 中最上面第一行)中,找出 $\Delta t$,沿 $\Delta t$ 值所在列向下,找与已经过四舍五入处理后的 $t'$(表 3.4 中最左边第一列)值所在行的交叉点,此一数值即为观测时的空气相对湿度的百分数。干球温度($t$)与湿球温度($t'$)之差的小数处理规律见表 3.5。

表 3.4 通风干湿表用相对湿度查算表

| $t'$ \ $\Delta t$ | 0.0 | 0.5 | 1.0 | 1.5 | 2.0 | 2.5 | 3.0 | 3.5 | 4.0 | 4.5 | 5.0 | 5.5 | 6.0 | 6.5 | 7.0 | 7.5 | 8.0 | 8.5 | 9.0 | 9.5 | 10.0 | 10.5 | 11.0 | 11.5 | 12.0 | 12.5 | 13.0 | 13.5 | 14.0 | 14.5 | 15.0 |
|---|---|---|---|---|---|---|---|---|---|---|---|---|---|---|---|---|---|---|---|---|---|---|---|---|---|---|---|---|---|---|---|
| 50 | 100 | 97 | 95 | 92 | 90 | 87 | 85 | 82 | 80 | 78 | 76 | 73 | 72 | 70 | 69 | 67 | 65 | 63 | 62 | 60 | 59 | 57 | 56 | 55 | 53 | 52 | 50 | 49 | 48 | 47 | 45 |
| 49 | 100 | 97 | 95 | 92 | 89 | 87 | 84 | 82 | 80 | 77 | 75 | 73 | 72 | 70 | 68 | 66 | 64 | 62 | 61 | 59 | 58 | 56 | 55 | 54 | 53 | 51 | 49 | 48 | 47 | 46 | 44 |
| 48 | 100 | 97 | 95 | 92 | 89 | 87 | 84 | 82 | 80 | 77 | 75 | 73 | 71 | 69 | 67 | 66 | 64 | 62 | 61 | 59 | 58 | 56 | 55 | 54 | 53 | 51 | 49 | 48 | 47 | 46 | 44 |
| 47 | 100 | 97 | 95 | 92 | 89 | 87 | 84 | 82 | 79 | 77 | 75 | 73 | 71 | 69 | 67 | 66 | 63 | 62 | 61 | 59 | 58 | 56 | 55 | 54 | 52 | 51 | 49 | 47 | 46 | 45 | 44 |
| 46 | 100 | 97 | 94 | 92 | 89 | 86 | 84 | 82 | 79 | 77 | 75 | 73 | 71 | 69 | 67 | 66 | 63 | 61 | 60 | 58 | 57 | 55 | 54 | 53 | 52 | 50 | 48 | 47 | 46 | 45 | 43 |
| 45 | 100 | 97 | 94 | 92 | 89 | 86 | 84 | 81 | 79 | 77 | 75 | 72 | 71 | 69 | 67 | 65 | 63 | 61 | 60 | 58 | 57 | 55 | 54 | 53 | 52 | 50 | 48 | 47 | 45 | 44 | 43 |
| 44 | 100 | 97 | 94 | 92 | 89 | 86 | 84 | 81 | 79 | 76 | 74 | 72 | 70 | 68 | 66 | 65 | 62 | 61 | 59 | 58 | 56 | 54 | 53 | 52 | 51 | 49 | 47 | 46 | 45 | 43 | 42 |
| 43 | 100 | 97 | 94 | 91 | 89 | 86 | 84 | 81 | 78 | 76 | 74 | 72 | 70 | 68 | 66 | 65 | 62 | 61 | 59 | 57 | 56 | 54 | 53 | 52 | 51 | 49 | 47 | 46 | 44 | 43 | 42 |
| 42 | 100 | 97 | 94 | 91 | 89 | 86 | 83 | 81 | 78 | 76 | 74 | 72 | 70 | 68 | 66 | 64 | 62 | 60 | 59 | 57 | 55 | 53 | 52 | 51 | 50 | 48 | 46 | 45 | 44 | 42 | 42 |
| 41 | 100 | 97 | 94 | 91 | 88 | 86 | 83 | 81 | 78 | 76 | 74 | 72 | 69 | 67 | 66 | 64 | 61 | 60 | 58 | 57 | 55 | 53 | 52 | 51 | 49 | 48 | 46 | 45 | 44 | 42 | 41 |
| 40 | 100 | 97 | 94 | 91 | 88 | 86 | 83 | 81 | 78 | 76 | 73 | 71 | 69 | 67 | 65 | 64 | 61 | 60 | 58 | 56 | 54 | 52 | 51 | 50 | 48 | 47 | 46 | 44 | 43 | 42 | 41 |
| 39 | 100 | 97 | 94 | 91 | 88 | 85 | 83 | 80 | 78 | 75 | 73 | 71 | 69 | 67 | 65 | 63 | 61 | 59 | 57 | 56 | 54 | 52 | 51 | 50 | 47 | 47 | 45 | 43 | 42 | 41 | 40 |
| 38 | 100 | 97 | 94 | 91 | 88 | 85 | 83 | 80 | 78 | 75 | 73 | 71 | 68 | 66 | 64 | 62 | 60 | 59 | 57 | 55 | 54 | 51 | 50 | 49 | 47 | 46 | 45 | 43 | 42 | 41 | 39 |
| 37 | 100 | 97 | 94 | 91 | 88 | 85 | 82 | 80 | 77 | 75 | 72 | 70 | 68 | 66 | 64 | 62 | 60 | 58 | 56 | 55 | 53 | 51 | 50 | 49 | 47 | 46 | 44 | 42 | 41 | 40 | 39 |
| 36 | 100 | 97 | 94 | 91 | 88 | 85 | 82 | 79 | 77 | 74 | 72 | 70 | 68 | 65 | 63 | 61 | 59 | 58 | 56 | 54 | 53 | 50 | 49 | 48 | 46 | 45 | 44 | 42 | 41 | 40 | 38 |
| 35 | 100 | 97 | 94 | 90 | 87 | 85 | 82 | 79 | 77 | 74 | 72 | 69 | 67 | 65 | 63 | 61 | 59 | 57 | 55 | 53 | 52 | 50 | 48 | 47 | 46 | 45 | 43 | 41 | 40 | 39 | 38 |
| 34 | 100 | 97 | 93 | 90 | 87 | 84 | 82 | 79 | 76 | 74 | 72 | 69 | 67 | 64 | 62 | 60 | 58 | 56 | 55 | 53 | 51 | 49 | 47 | 46 | 45 | 44 | 43 | 41 | 40 | 39 | 37 |
| 33 | 100 | 97 | 93 | 90 | 87 | 84 | 81 | 79 | 76 | 73 | 71 | 68 | 66 | 64 | 62 | 60 | 58 | 56 | 54 | 52 | 50 | 49 | 47 | 46 | 44 | 43 | 42 | 40 | 39 | 38 | 37 |
| 32 | 100 | 97 | 93 | 90 | 87 | 84 | 81 | 78 | 76 | 73 | 71 | 68 | 66 | 63 | 61 | 59 | 57 | 55 | 53 | 52 | 50 | 48 | 46 | 45 | 43 | 42 | 41 | 39 | 38 | 37 | 36 |

续表

| $t'$ \ $\Delta t$ | 0.0 | 0.5 | 1.0 | 1.5 | 2.0 | 2.5 | 3.0 | 3.5 | 4.0 | 4.5 | 5.0 | 5.5 | 6.0 | 6.5 | 7.0 | 7.5 | 8.0 | 8.5 | 9.0 | 9.5 | 10.0 | 10.5 | 11.0 | 11.5 | 12.0 | 12.5 | 13.0 | 13.5 | 14.0 | 14.5 | 15.0 |
|---|---|---|---|---|---|---|---|---|---|---|---|---|---|---|---|---|---|---|---|---|---|---|---|---|---|---|---|---|---|---|---|
| 31 | 100 | 96 | 93 | 90 | 87 | 84 | 81 | 78 | 75 | 73 | 70 | 68 | 65 | 63 | 61 | 59 | 57 | 55 | 53 | 51 | 49 | 47 | 46 | 44 | 43 | 41 | 40 | 38 | 37 | 36 | 35 |
| 30 | 100 | 96 | 93 | 90 | 86 | 83 | 80 | 77 | 75 | 72 | 69 | 67 | 65 | 62 | 60 | 58 | 56 | 54 | 52 | 50 | 48 | 47 | 45 | 43 | 42 | 40 | 39 | 38 | 36 | 35 | 34 |
| 29 | 100 | 96 | 93 | 89 | 86 | 83 | 80 | 77 | 74 | 72 | 69 | 66 | 64 | 62 | 60 | 57 | 55 | 53 | 51 | 49 | 48 | 46 | 44 | 43 | 41 | 40 | 38 | 37 | 35 | 34 | 33 |
| 28 | 100 | 96 | 93 | 89 | 86 | 83 | 80 | 77 | 74 | 71 | 68 | 66 | 63 | 61 | 59 | 57 | 55 | 53 | 51 | 49 | 47 | 45 | 43 | 42 | 40 | 39 | 37 | 36 | 35 | 33 | 32 |
| 27 | 100 | 96 | 93 | 89 | 86 | 82 | 79 | 76 | 73 | 71 | 68 | 65 | 63 | 60 | 58 | 56 | 54 | 52 | 50 | 48 | 46 | 44 | 43 | 41 | 39 | 38 | 37 | 35 | 34 | 32 | 31 |
| 26 | 100 | 96 | 92 | 89 | 85 | 82 | 79 | 76 | 73 | 70 | 67 | 65 | 62 | 60 | 57 | 55 | 53 | 51 | 49 | 47 | 45 | 44 | 42 | 40 | 39 | 37 | 36 | 34 | 33 | 32 | 30 |
| 25 | 100 | 96 | 92 | 89 | 85 | 82 | 78 | 75 | 72 | 69 | 67 | 64 | 62 | 59 | 57 | 54 | 52 | 50 | 48 | 46 | 44 | 43 | 41 | 39 | 38 | 36 | 35 | 33 | 32 | 31 | 29 |
| 24 | 100 | 96 | 92 | 88 | 85 | 81 | 78 | 75 | 72 | 69 | 66 | 63 | 61 | 58 | 56 | 54 | 51 | 49 | 47 | 45 | 43 | 42 | 40 | 38 | 37 | 35 | 34 | 32 | 31 | 30 | 28 |
| 23 | 100 | 96 | 92 | 88 | 84 | 81 | 78 | 74 | 71 | 68 | 65 | 63 | 60 | 58 | 55 | 53 | 51 | 48 | 46 | 44 | 42 | 41 | 39 | 37 | 36 | 34 | 33 | 31 | 30 | 28 | 27 |
| 22 | 100 | 96 | 92 | 88 | 84 | 81 | 77 | 74 | 71 | 68 | 65 | 62 | 59 | 57 | 54 | 52 | 50 | 47 | 45 | 43 | 41 | 40 | 38 | 36 | 35 | 33 | 31 | 30 | 29 | 27 | 26 |
| 21 | 100 | 96 | 92 | 88 | 84 | 80 | 77 | 73 | 70 | 67 | 64 | 61 | 58 | 56 | 53 | 51 | 49 | 46 | 44 | 42 | 40 | 39 | 37 | 35 | 33 | 32 | 30 | 29 | 28 | 26 | 25 |
| 20 | 100 | 96 | 91 | 87 | 83 | 80 | 76 | 73 | 69 | 66 | 63 | 60 | 58 | 55 | 52 | 50 | 48 | 45 | 43 | 41 | 39 | 37 | 36 | 33 | 32 | 31 | 29 | 28 | 26 | 25 | 24 |
| 19 | 100 | 95 | 91 | 87 | 83 | 79 | 76 | 72 | 69 | 65 | 62 | 59 | 57 | 54 | 51 | 49 | 47 | 44 | 42 | 40 | 38 | 36 | 34 | 33 | 31 | 29 | 28 | 26 | 25 | 24 | 22 |
| 18 | 100 | 95 | 91 | 87 | 83 | 79 | 75 | 71 | 68 | 65 | 62 | 59 | 56 | 53 | 50 | 48 | 45 | 43 | 41 | 39 | 37 | 35 | 33 | 31 | 30 | 28 | 27 | 25 | 24 | 22 | 21 |
| 17 | 100 | 95 | 91 | 86 | 82 | 78 | 74 | 71 | 67 | 64 | 61 | 58 | 55 | 52 | 49 | 47 | 44 | 42 | 40 | 38 | 36 | 34 | 32 | 30 | 28 | 27 | 25 | 24 | 22 | 21 | 20 |
| 16 | 100 | 95 | 90 | 86 | 82 | 78 | 74 | 70 | 66 | 63 | 60 | 57 | 54 | 51 | 48 | 45 | 43 | 41 | 38 | 36 | 34 | 32 | 30 | 29 | 27 | 25 | 24 | 22 | 21 | 19 | 18 |
| 15 | 100 | 95 | 90 | 85 | 81 | 77 | 73 | 69 | 65 | 62 | 59 | 55 | 52 | 50 | 47 | 44 | 42 | 39 | 37 | 35 | 33 | 31 | 29 | 27 | 25 | 24 | 22 | 21 | 19 | 18 | 16 |
| 14 | 100 | 95 | 90 | 85 | 81 | 76 | 72 | 68 | 64 | 61 | 57 | 54 | 51 | 48 | 45 | 43 | 40 | 38 | 35 | 33 | 31 | 29 | 27 | 25 | 24 | 22 | 20 | 19 | 17 | 16 | 15 |
| 13 | 100 | 95 | 90 | 85 | 80 | 76 | 71 | 67 | 63 | 60 | 56 | 53 | 50 | 47 | 44 | 41 | 39 | 36 | 34 | 32 | 29 | 27 | 25 | 24 | 22 | 20 | 19 | 17 | 16 | 14 | 13 |
| 12 | 100 | 94 | 89 | 84 | 79 | 75 | 70 | 66 | 62 | 59 | 55 | 52 | 48 | 45 | 42 | 40 | 37 | 35 | 32 | 30 | 28 | 26 | 24 | 22 | 20 | 18 | 17 | 15 | 14 | 12 | 11 |
| 11 | 100 | 94 | 89 | 84 | 79 | 74 | 69 | 65 | 61 | 57 | 54 | 50 | 47 | 44 | 41 | 38 | 35 | 33 | 30 | 28 | 26 | 24 | 22 | 20 | 18 | 16 | 15 | 13 | 12 | 10 | 9 |

续表

| $t'$ \ $\Delta t$ | 0.0 | 0.5 | 1.0 | 1.5 | 2.0 | 2.5 | 3.0 | 3.5 | 4.0 | 4.5 | 5.0 | 5.5 | 6.0 | 6.5 | 7.0 | 7.5 | 8.0 | 8.5 | 9.0 | 9.5 | 10.0 | 10.5 | 11.0 | 11.5 | 12.0 | 12.5 | 13.0 | 13.5 | 14.0 | 14.5 | 15.0 |
|---|---|---|---|---|---|---|---|---|---|---|---|---|---|---|---|---|---|---|---|---|---|---|---|---|---|---|---|---|---|---|---|
| 10 | 100 | 94 | 88 | 83 | 78 | 73 | 69 | 64 | 60 | 56 | 52 | 49 | 45 | 42 | 39 | 36 | 33 | 31 | 28 | 26 | 24 | 22 | 20 | 18 | 16 | 14 | 13 | 11 | 10 | 8 | 7 |
| 9 | 100 | 94 | 88 | 82 | 77 | 72 | 68 | 63 | 59 | 55 | 51 | 47 | 44 | 40 | 37 | 34 | 32 | 29 | 26 | 24 | 22 | 20 | 18 | 16 | 14 | 12 | 10 | 9 | 7 | 6 | 5 |
| 8 | 100 | 94 | 88 | 82 | 76 | 71 | 66 | 62 | 57 | 53 | 49 | 46 | 42 | 39 | 35 | 32 | 29 | 27 | 24 | 22 | 19 | 17 | 15 | 13 | 11 | 10 | 8 | 6 | 5 | 4 | 2 |
| 7 | 100 | 93 | 87 | 81 | 76 | 70 | 65 | 60 | 56 | 52 | 48 | 44 | 40 | 37 | 33 | 30 | 27 | 24 | 22 | 19 | 17 | 15 | 13 | 11 | 9 | 7 | 6 | 4 | 3 | 1 | |
| 6 | 100 | 93 | 87 | 81 | 76 | 69 | 64 | 59 | 54 | 50 | 46 | 42 | 38 | 34 | 31 | 28 | 25 | 22 | 19 | 17 | 15 | 12 | 10 | 8 | 6 | 5 | 3 | 1 | | | |
| 5 | 100 | 93 | 86 | 80 | 75 | 68 | 63 | 57 | 53 | 48 | 44 | 40 | 36 | 32 | 29 | 25 | 22 | 19 | 17 | 14 | 12 | 10 | 7 | 5 | 3 | 2 | | | | | |
| 4 | 100 | 93 | 86 | 79 | 74 | 67 | 61 | 56 | 51 | 46 | 42 | 37 | 33 | 30 | 26 | 23 | 20 | 17 | 14 | 11 | 9 | 7 | 4 | 2 | | | | | | | |
| 3 | 100 | 92 | 85 | 78 | 73 | 65 | 60 | 54 | 49 | 44 | 39 | 35 | 31 | 27 | 23 | 20 | 17 | 14 | 11 | 8 | 6 | 3 | 1 | | | | | | | | |
| 2 | 100 | 92 | 84 | 77 | 72 | 64 | 58 | 52 | 47 | 42 | 37 | 33 | 28 | 24 | 21 | 17 | 14 | 11 | 8 | 5 | 2 | | | | | | | | | | |
| 1 | 100 | 91 | 83 | 76 | 70 | 62 | 56 | 50 | 44 | 39 | 34 | 30 | 25 | 21 | 17 | 14 | 10 | 7 | 4 | 1 | | | | | | | | | | | |
| 0 | 100 | 91 | 83 | 75 | 69 | 61 | 54 | 48 | 42 | 37 | 31 | 27 | 22 | 18 | 14 | 10 | 7 | 4 | 1 | | | | | | | | | | | | |
| −1 | 100 | 91 | 82 | 74 | 67 | 59 | 52 | 46 | 39 | 34 | 29 | 24 | 19 | 15 | 10 | 7 | | | | | | | | | | | | | | | |
| −2 | 100 | 90 | 81 | 72 | 66 | 57 | 50 | 43 | 37 | 31 | 25 | 20 | 15 | 11 | 7 | 3 | | | | | | | | | | | | | | | |
| −3 | 100 | 90 | 80 | 71 | 64 | 55 | 47 | 40 | 34 | 28 | 22 | 16 | 11 | 8 | 2 | | | | | | | | | | | | | | | | |
| −4 | 100 | 89 | 79 | 70 | 62 | 52 | 45 | 37 | 30 | 24 | 18 | 13 | 7 | 2 | | | | | | | | | | | | | | | | | |
| −5 | 100 | 89 | 78 | 68 | 61 | 50 | 42 | 34 | 27 | 20 | 14 | 8 | 3 | | | | | | | | | | | | | | | | | | |
| −6 | 100 | 88 | 77 | 66 | 59 | 47 | 39 | 30 | 23 | 16 | 10 | 8 | | | | | | | | | | | | | | | | | | | |
| −7 | 100 | 87 | 76 | 64 | 56 | 44 | 35 | 27 | 19 | 12 | 5 | | | | | | | | | | | | | | | | | | | | |
| −8 | 100 | 87 | 74 | 62 | 54 | 41 | 32 | 23 | 14 | 7 | | | | | | | | | | | | | | | | | | | | | |
| −9 | 100 | 86 | 73 | 60 | 51 | 38 | 28 | 18 | 10 | 2 | | | | | | | | | | | | | | | | | | | | | |
| −10 | 100 | 85 | 71 | 58 | 48 | 34 | 23 | 13 | 4 | | | | | | | | | | | | | | | | | | | | | | |

表中第一列表示为湿球温度；第一行为 $\Delta t$

$t$ 为干球温度(℃)；$t'$ 为湿球温度(℃)；

$\Delta t = t - t'$

设干球温度为 28 ℃，湿球温度为 25 ℃，

则 $\Delta t = 28 - 25 = 3$ ℃，查表即知相对湿度为 78%

表 3.5　$\Delta t$ 小数处理的规律

| 小数 | 处理 | 小数 | 处理 | 小数 | 处理 | 小数 | 处理 |
|---|---|---|---|---|---|---|---|
| 1 或 2 | 舍为 0 | 3 或 4 | 进为 5 | 6 或 7 | 舍为 5 | 8 或 9 | 进为 0 |

例 1：$t$=18 ℃，$t'$=10 ℃

此时 $\Delta t$=18－10=8 ℃，查 $\Delta t$=8 ℃，$t'$=10 ℃，得空气相对湿度 $r$=29%。

例 2：$t$=28 ℃，$t'$=25 ℃

此时 $\Delta t$=28－25=3 ℃，查 $\Delta t$=3 ℃，$t'$=25 ℃，得空气相对湿度 $r$=78%。

例 3：$t$=25.6 ℃，$t'$=13.8 ℃

此时 $\Delta t$=25.6－13.8=11.8 ℃，根据表 3.5，$\Delta t$=11.8 ℃，处理为 $\Delta t$=12.0 ℃，然后从表 3.4 中查找，当 $\Delta t$=12.0 ℃，$t'$=14 ℃时，查得空气相对湿度 $r$=24%。

例 4：$t$=23.5 ℃，$t'$=13.8 ℃

此时 $\Delta t$=25.6－13.8=9.7 ℃

查 $\Delta t$=9.5 ℃，$t'$=14 ℃，得空气相对湿度 $r$=33%。

实际工作中，偶有出现 $\Delta t$＞15.0 ℃的情形，内陆干旱地区的暖季节更是常见。遇到这种情况时，$\Delta t$ 按 15.0 ℃查算，则实际空气湿度应小于该查算值。因为干湿差越大，蒸发越激烈，表明空气更干燥。

例 5：$t$=28.3 ℃，$t'$=11.4 ℃

此时 $\Delta t$=28.3－11.4=16.9 ℃，查 $\Delta t$=15.0 ℃，$t'$=11 ℃，得空气相对湿度 $r$=9%。则实际空气相对湿度 $r$＜9%。

## 作业

1. 试述“干湿差法”的测试原理。

2. 下面分别给出了百叶箱干湿球温度，求该温度下饱和水汽压($e_s$)、实际水汽压($e$)、相对湿度($r$)、饱和差($d$)和露点温度($t_d$)。

(1)$t$=23.5 ℃　$t'$=18.5 ℃

(2)$t$=38.7 ℃　$t'$=24.6 ℃

3. 下面分别给出了通风干湿球温度，求该温度下的相对湿度($r$)。

(1)$t$=30.0 ℃　$t'$=20.8 ℃

(2)$t$=18.4 ℃　$t'$=15.0 ℃

(3)$t$=40.0 ℃　$t'$=22.5 ℃

(4)$t$=23.5 ℃　$t'$=19.4 ℃

(5)$t$=21.9 ℃　$t'$=18.0 ℃

4. 降水量记为0.1、0.0各代表什么意义？不记又代表什么意义？

5. 用普通量杯量得直径20 cm的雨量器收集的降水体积为314.0 $cm^3$，其降水量是多少毫米？

# 实验四　气压与风的观测

## 一、目的和要求

了解测量气压和风的各种仪器的工作原理、构造特点、安装要求、使用及一般的维护方法。要求正确掌握安装和使用各种测量气压和风的仪器，熟悉资料整理和分析方法，操作规范、读数精确、规范记录观测数据。

## 二、所需仪器

### (一)测量气压的常用仪器

1. 动槽式水银气压表。
2. 空盒气压表。
3. 气压计。

### (二)测风仪器

1. 三杯轻便风向风速表。
2. 电接风向风速仪。
3. 便携式测风仪。
4. 数字式风速测量仪。
5. 热球微风仪。

## 三、实验内容

1. 介绍各种测量气压用仪器的构造、测量原理、安装和观测使用以及仪器的一般维护等。

2. 介绍各种测风仪器的构造、测量原理、安装和观测使用以及仪器的一般维护等。

3. 观测过程中数据的记录和订正方法。

# 四、气压观测常用仪器

测定气压的仪器，主要有动槽式水银气压表、空盒气压表和气压计等。根据观测目的的不同，可选择不同的气压仪器进行观测。

## (一)动槽式(福丁式)水银气压表

1. 动槽式水银气压表的仪器构造

动槽式水银气压表主要由水银槽、玻璃内管、外部套管和读数标尺三个部分组成(图 4.1)。

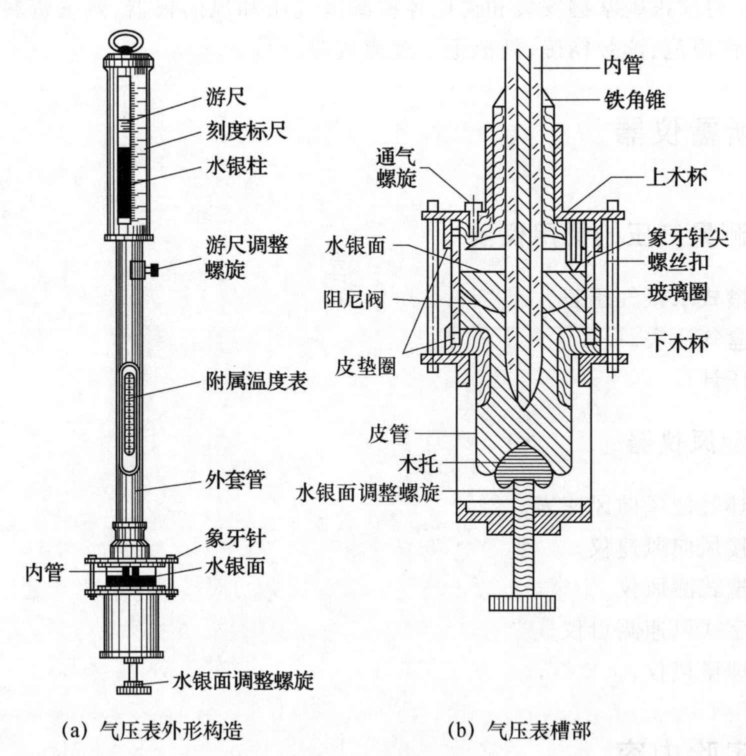


(a) 气压表外形构造　　(b) 气压表槽部

图 4.1　动槽式水银气压表

(1)水银槽

在水银槽的上部有一象牙针，针尖位置为刻度标尺的零点。每次观测必须按要求将槽内的水银面调至与象牙针尖刚好相接触。

(2)玻璃内管

直径约 8 mm，长约 900 mm，其顶端封闭，底端开口，开口处内径成锥形，经过专门的方法洗涤干净并抽成真空后，灌满纯净的水银，玻璃内管装在气压表的外套管中，开口的一端插在水银槽中。

(3)外套管和读数标尺

用黄铜制成的，起着保护作用与固定内管的作用。其上部刻有毫米的标尺，上半部前后都开有长方形的窗孔，用来观测内管水银柱的高度。

调整螺丝能使游尺上下移动，标尺和游尺分别用来测定气压的整数和小数部分。

套管的下部装有一支附属温度表，其球部在内管与套管之间，用来测定水银及铜套管的温度。

2. 仪器安装

气压表应安装在温度少变、光线充足的气压室内，尚无气压室的台站，可安置在特制的保护箱内。气压表应牢固、垂直地悬挂在墙壁、水泥柱或坚固的木柱上，切勿安置在热源(暖气管、火炉)和门窗旁边，以及阳光直接照射的地方。气压室内不得堆放杂物。

安装前，应将挂板或保护箱牢固地固定在准备悬挂气压表的地方，再小心地从木盒(皮套)中取出气压表，槽部向上，稍稍拧紧槽底调整螺旋1～2圈，慢慢地将气压表倒转过来，使表直立，槽部在下。然后先将槽的下端插入挂板的固定环里，再把表顶悬环套入挂钩中，使气压表自然垂直后，慢慢旋紧固定环上的三个螺丝(注意不能改变气压表的自然垂直状态)，将气压表固定。最后旋转槽底调整螺旋，使槽内水银面下降到象牙针尖稍下的位置为止。安装后要稳定3个小时，方能观测使用。

3. 观测和记录方法

(1)观测附属温度表(简称“附温表”)，读数精确到0.1 ℃。当温度低于附温表最低刻度时，应在紧贴气压表外套管壁上，另挂一支有更低刻度的温度表作为附温表，进行读数。

(2)调整水银槽内水银面，使之与象牙针尖恰恰相接。调整时，旋动槽底调整螺旋，使槽内水银面自下而上地升高，动作要轻而慢，直到象牙针尖与水银面恰好相接(水银面上既没有小涡，也无空隙)为止。如果出现小涡，则须重新进行调整，直至达到要求为止。

(3)调整游尺与读数。先使游尺稍高于水银柱顶，并使视线与游尺环的前后下降在同一水平线上，再慢慢下降游尺，直到游尺的下缘与水银柱凸面顶点刚刚相切。此时，通过游尺下缘零线所对标尺的刻度即可读出整数。再从游尺刻度线上找出一根与标尺上某一刻度相吻合的刻度线，则游尺上这根刻度线的数字就是小数读数。

(4)读数并记录。先在标尺上读取整数，后在游尺上读取小数，读数要精确到0.1，单位百帕(hPa)。

(5)读数复验后，降下水银面。旋转槽底调整螺旋，使水银面离开象牙针尖约2～3 mm。观测时如光线不足，可用手电筒或加遮光罩的电灯(15～40 W)照明。采光时，灯光要从气压表侧后方照亮气压表挂板的白瓷板，而不能直接照在水银柱顶或象牙针上，以免影响调整的正确性。

4. 读数订正

水银气压表的读数须按仪器差订正、温度差订正、重力差订正的顺序进行订正，将其订正为标准条件下（无器差、温度为 0 ℃，纬度为 45°，重力场高度为平均海平面）的气压值，即本站气压。

(1)仪器差订正　由于水银气压表本身的误差而造成的偏差称为仪器差。根据观测读数值，在该气压表的仪器差订正表上查出相应的器差订正值，与气压读数求代数和，即为订正后的气压值。

(2)温度差订正　水银气压表的标尺刻度是以 0 ℃时为准。即使气压保持不变，当温度变化时，水银的密度也随之改变，同时测量水银柱高度的黄铜标尺的长度亦会发生胀缩，并且水银和黄铜标尺的膨胀系数是不同的，由此而引起的误差称为气压温度器差。由于水银的膨胀系数大于黄铜，因此当温度高于 0 ℃时，订正值为负；温度低于 0 ℃时，订正值为正。订正时，用经过仪器差订正后的气压值和附属温度值（附温），从《气象常用表》（第二号）第一表上查取温度差订正值，用经过仪器差订正后的气压值和温度差订正值相加，即得到经过温度差订正后的气压值。

(3)重力差订正　水银气压表是以纬度为 45°的海平面上的重力为标准的，不同纬度、不同海拔高度的重力加速度不同，这种因重力不同而引起的偏差，称为重力差。重力差订正包括纬度重力差订正和高度重力差订正两个方面。

纬度重力差订正：由于地球的极半径小于赤道半径，重力加速度随纬度的增加而增大，因此当纬度大于 45°时，订正值为正；小于 45°时，订正值为负。订正时，用经过温度差订正后的气压值和当地纬度，从《气象常用表》（第三号）第一表上查取纬度重力差订正值。

高度重力差订正：由于重力加速度随海拔高度的增加而减小，因此当海拔高度高于海平面时，订正值为负；低于海平面时，订正值为正。订正时，用经过温度差订正后的气压值和当地海拔高度值，从《气象常用表》（第三号）第二表上查取高度重力差订正值。

纬度重力差订正值和高度重力差订正值之和，即为重力差订正值。用经过温度差订正后的气压值和重力差订正值相加，即得到经过重力差订正后的气压值（本站气压值）。

5. 海平面气压订正

本站气压只表示当地海拔高度上的大气压强。气象上为了比较各地气压的大小，分析水平气压场，必须将各地的本站气压统一订正到海平面上，这种订正称为海平面气压订正（高度差订正），订正后的气压称为海平面气压。

$$海平面气压(P_0)=本站气压值(P_h)+高度差订正值(C)$$

海拔高度低于 15.0 m 时，高度差订正值为

$$C=34.68\frac{h}{\bar{t}+273}$$

式中：$h$ 为当地海拔高度；$\bar{t}$为年平均气温。

当海拔高度达到或超过 15.0 m 时，高度差订正值的计算方法如下：

①计算空气柱平均温度

$$t_m=\frac{t+t_{12}}{2}+\frac{h}{400}$$

式中：$t_m$为空气柱平均温度；$t$ 为观测时的气温；$t_{12}$为观测前 12 h 的气温；$h$ 为当地海拔高度。

②用 $t_m$和 $h$，由《气象常用表》(第三号)第四表查算出 $M$ 值。

③用本站气压 $P_h$和 $M$ 值计算出高度差订正值，计算公式：

$$C=\frac{P_h\cdot M}{1000}$$

6. 仪器移运

移运气压表的步骤与安装相反。先旋动槽底调整螺旋，使内管中水银柱恰达外套管窗的顶部为止，切勿旋转过度。然后松开固定环的螺丝，将表从挂钩上取下，两手分持表身的上部和下部，徐徐倾斜 45°左右，就可以听到水银与管顶的轻击声音(如声音清脆，则表明内管真空良好；若声音混浊，则表明内管真空不良)，继续缓慢地倒转气压表，使之完全倒立，槽部在上。将气压表装入特制的木盒(皮套)内，旋松调整螺旋 1～2 圈(使水银有膨胀的余地)。在运输过程中，始终要按木盒(皮套)箭头所示的方向，使气压表槽部在上进行移运，并防止震动。

7. 仪器维护

(1)应该经常保持气压表的清洁。

(2)动槽式气压表槽内水银面产生氧化物时，应及时清除。

(3)气压表必须垂直悬挂，定期用铅垂线在相互成直角的两个位置上检查校正。

(4)气压表水银柱凸面突然变平并不再恢复，或其示值显著不正常时，应送相关单位进行检修。

## (二)气压计

气压计是自动、连续记录气压变化的仪器。

1. 仪器构造

气压计由感应部分(金属弹性膜盒组)、传递放大部分(两组杠杆)和自记部分(自记钟、笔和记录纸)组成(图 4.2)。由于精度所限，其记录必须与水银气压表测得的本站气压值比较，进行差值订正，方可使用。

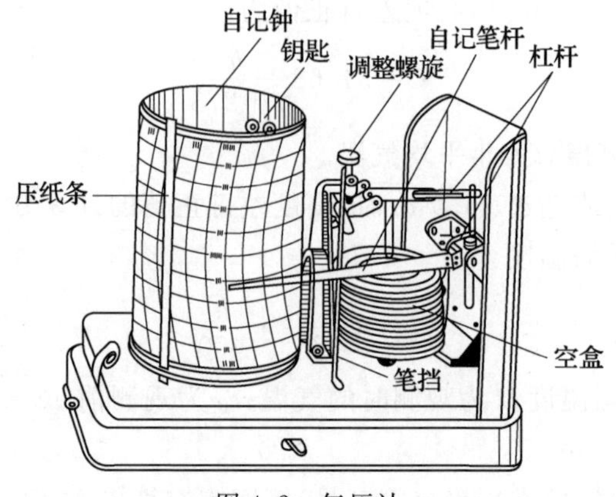


图 4.2　气压计

感应部分由一组空盒串联而成(图 4.3),上端与传递放大部分连接,下端固定在一块双金属片上,双金属片用来补偿温度对空盒形变的影响。传递放大部分和自记部分与温度计基本相同。

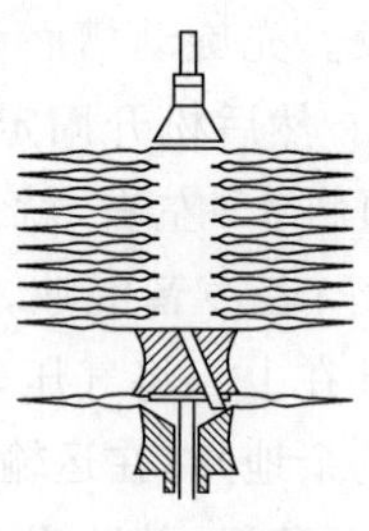

图 4.3　空盒组

2. 仪器安装

气压计应稳固地安置在水银气压表附近的台架上,仪器底座要求水平,距离地面高度以便于观测为宜。

3. 观测和记录

定时观测时,在水银气压表观测完后,便读气压计,将读数记入观测簿相应栏中,并作时间记号。作时间记号的方法是,轻轻按动一下仪器右壁外侧的计时按钮,使自记笔尖在自记纸上划一短垂线(无计时按钮的仪器,须掀开仪器盒盖,轻抬自记笔杆使其作一记号),读数精确到 0.1 hPa。

4. 更换自记纸

日转仪器每天换纸,周转仪器每周换纸一次。换纸步骤如下:

(1)做记录终止的记号(方法同定时观测做时间记号)。

(2)掀开盒盖,拔出笔挡,取下自记钟筒(也可不取下),在自记迹线终端上角记下记录终止时间。

(3)松开压纸条，取下自记纸，上好钟机发条(视自记钟的具体情况每周二次或五天一次，切忌上得过紧)，换上填写好站名、日期的新纸。上纸时，要求自记纸紧卷在钟筒上，两端的刻度线要对齐，底边紧贴钟突出的下缘，并注意勿使压纸条挡住有效记录的起止时间线。

(4)在自记迹线开始记录一端的上角写上记录开始时间，按反时针旋转自记钟筒(以消除大小齿轮间空隙)，使笔尖对准记录开始的时间，拨回笔挡并做一时间记号。

(5)盖好仪器的盒盖。

5. 自记记录的订正

(1)在换下的自记纸上把定时观测的实测值和自记值分别填在相应的时间线上，自记记录以时间记号作为正点。

(2)日最高、最低值的挑选和订正

①从自记迹线中找出一日(20—20 时)中最高(最低)处，标一箭头，读出自记数值并进行订正。

订正方法为，根据自记迹线最高(最低)点两边相邻的定时观测记录所计算的仪器差，用内插法求出各正点的器差值，然后取该最高(最低)点靠近的那个正点的器差值进行订正(如恰在两正点之间，则用后一正点的器差值)，即得该日最高(最低)值。

例如：某日自记迹线(图 4.4)最高点读数为 1019.3 hPa，正好在 10 时与 11 时的正中间，器差取近 11 时的＋0.2，最高值为 1019.3＋0.2＝1019.5(hPa)；迹线最低处读数为 1016.2 hPa，靠近 17 时，用 17 时器差－0.2，最低值为 1016.2－0.2＝1016.0(hPa)。

②按上述订正后的最高(最低)值，如果比同时定时观测实测值还低(高)时，则直接挑选该定时实测值作为最高(低)值。

③仪器因摩擦等原因使自记迹线在做时间记号后，笔尖未能回到原来位置，当记号前后两处读数差≥0.3 hPa(温度≥0.3 ℃，湿度≥3％)时，称为跳跃式变化。在订正极值时，该时器差应按跳跃前后的读数分别计算。

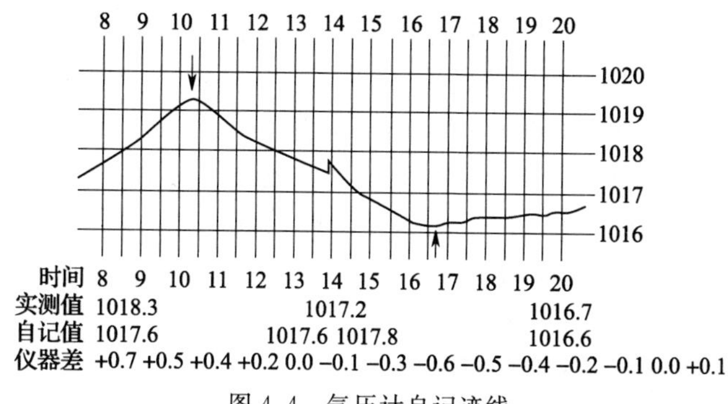


图 4.4　气压计自记迹线

6. 仪器维护

(1)经常保持仪器清洁。感应部分有灰尘时可用干洁毛笔清扫。

(2)当发现记录迹线出现“间断”或“阶梯”现象时,应及时检查自记笔尖对自记纸的压力是否适当。检查方法为,把仪器向自记笔杆的一面倾斜到30°~40°,如笔尖稍微离开钟筒,则说明笔尖对纸的压力是很适宜的;如笔尖不离开钟筒,则说明笔尖对纸的压力过大;若稍有倾斜,笔尖即离开钟筒,则说明笔尖压力过小。此时,应调节笔杆根部的螺丝或改变笔杆架子的倾斜度进行调整,直到适合为止。如经上述调整仍不能纠正时,则应清洗、调整各个轴承和连接部分。

(3)注意自记值与实测值的比较,当两者相差较大时,应进行调整。如果自记纸上标定的坐标示值不恰当,应按本站出现的气压范围适当修改坐标示值。

(4)笔尖须及时添加墨水,但不要过满,以免墨水溢出。如果笔尖出水不顺畅或划线粗涩,应用光滑坚韧的薄纸疏通笔缝。疏通无效,应更换笔尖。新笔尖应先用酒精擦拭除油,再上墨水,更换笔尖时应注意自记笔杆(包括笔尖)的长须与原来的等长。

(5)若周转型自记钟一周内快慢超过30 min,或日转型自记钟一日内快慢超过10 min,应调整自记钟的快慢针,自记钟使用到一定期限(一年左右),应清洗加油。

7. 自记纸的整理保存

(1)每月应将气压自记纸(其他仪器自记纸同),按日序排列,装订成册(一律装订在左端),外加封面。

(2)在封面上写明台站名称、地点、记录项目和记录起止的年、月、日、时。

(3)每年按月序排列,用纸包扎并注明台站名称、地点、记录项目及其年、月、日。

(4)妥为保管,勿使其潮湿、虫蛀、污损。

## 五、测风方法

风是矢量,包括风向、风速。所以测风就包括观测风速和风向。风向是指风的来向,最多风向是指在规定时间段内出现频数最多的风向。人工观测中风向用16方位法表示,自动观测中风向以度(°)为单位。风速是指单位时间内空气移动的水平距离,以米/秒(m/s)为单位,取1位小数。最大风速是指在某个时段内出现的10 min平均最大风速值。极大风速(阵风)是指某个时段内出现的最大瞬时风速值。瞬时风速是指3 s的平均风速。风的平均量是指在规定时间段的风速或风向的平均值,有3s、1 min、2 min和10 min的平均值。

测风方法有目测法和仪器观测两种。

## (一)目测法

当没有测定风向、风速的仪器,或虽有仪器但因故障不能使用时,可目测风向、风力。

1. 估计风力

根据风对地面或海平面物体的影响而引起的各种现象,按风力等级表(见表4.1)估计风力,并记录其相应风速的中数值。

2. 目测风向

根据炊烟、旌旗、布条展开的方向及人的感觉,按八个方位估计。

目测风向、风力时,观测者应站在空旷处,多选几个物体,认真地观测,以尽量减少主观的估计误差。

**表 4.1　风力等级表(陆地上)**

| 风力等级 | 名称 | 陆上地物征象 | 相当于平地 10 m 高处的风速(m/s) | |
|---|---|---|---|---|
| | | | 范围 | 中数 |
| 0 | 无风 | 静,烟直上 | 0.0～0.2 | 0 |
| 1 | 软风 | 烟能表示风向,树叶略有摇动 | 0.3～1.5 | 1 |
| 2 | 轻风 | 人面部感觉有风,树叶有微响,旗子开始飘动,高的草开始摇动 | 1.6～3.3 | 2 |
| 3 | 微风 | 树叶及小枝摇动不息,旗子展开,高的草摇动不息 | 3.4～5.4 | 4 |
| 4 | 和风 | 能吹起地面灰尘和纸张,树枝摇动。高的草波浪起伏 | 5.5～7.9 | 7 |
| 5 | 清劲风 | 有叶的小树摇摆,内陆的水面有小波,高的草波浪起伏明显 | 8～10.7 | 9 |
| 6 | 强风 | 大树枝摇动,电线呼呼有声,撑伞困难,高的草不时倾覆于地 | 10.8～13.8 | 12 |
| 7 | 疾风 | 全树摇动,大树枝弯下来,迎风步行感觉不便 | 13.9～17.1 | 16 |
| 8 | 大风 | 可折毁小树枝,人迎风前行感觉阻力大 | 17.2～20.7 | 19 |
| 9 | 烈风 | 草房遭受破坏,屋瓦被掀起,大树枝可折断 | 20.8～24.4 | 23 |
| 10 | 狂风 | 树木可被吹倒,陆上少见,一般建筑物遭破坏 | 24.5～28.4 | 26 |
| 11 | 暴风 | 大树可被吹倒,陆上很少见,船舶航行极危险 | 28.5～32.6 | 31 |
| 12 | 飓风 | 陆上绝少见,其摧毁力极大 | >32.6 | >33 |

## (二)仪器观测法

用各种测风仪器对风速和风向进行观测的方法。下面介绍几种测风仪器。

## 六、测风仪器

### (一)三杯轻便风向风速表

三杯轻便风向风速表,是测量风向和 1 min 内平均风速的仪器,适用于农田或野外流动观测。

1. 构造及工作原理

由风向部分(包括风向标、方位盘、制动小套),风速部分(包括十字护架、风杯、风速表主体)和手柄三部分组成。如图 4.5 所示。

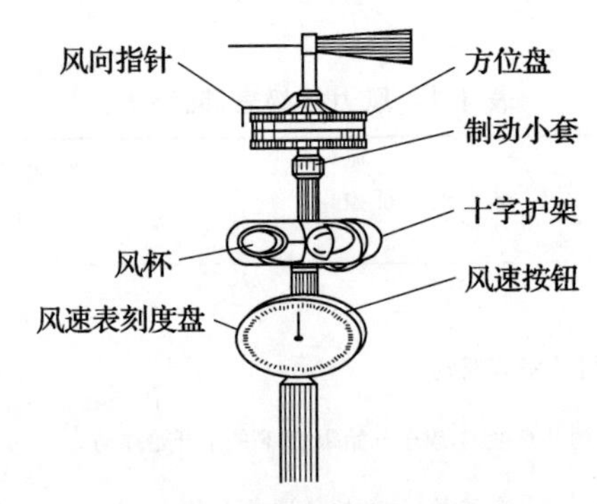


图 4.5　三杯轻便风向风速表

当压下风速按钮,启动风速表后,风杯随风转动,带动风速表主机内的齿轮组,指针即在刻度盘上指示出风速。同时,时间控制系统开始工作,待 1 min 后,自动停止计时,风速指针也停止转动。

指示风的方位盘系一种磁罗盘,当制动小套管打开后,罗盘按地磁子午线的方向稳定下来,风向标随风摆动,其指针即指当时的风向。

2. 使用方法

(1)观测时将仪器带至空旷处,观测者站在仪器的下风方手持仪器,高出头部并保持垂直,风速表刻度盘与当时的风向平行;然后,将方位盘制动小套向右旋转一角度,使方位盘制动小套按地磁方向稳定下来,注视风向约 2 min,以摆动范围的中间位置记录风向。

(2)观测风速时,待风杯旋转约半分钟,按下风速按钮,启动仪器。1 min 后,指针自动停转,读出风速示值,将此值从风速订正曲线图中查出实际风速(保留一位小数),即为所测的平均风速。

(3)观测完毕,将方位盘制动小套左转一小角度,借弹簧的弹力将小套管弹回上方,固定好方位盘。

(4)将仪器各组成部分卸下,放回盒中。

3. 三杯轻便风向风速表的维护和注意事项

(1)保持仪器清洁、干燥。若仪器被雨、雪打湿,使用后用软布擦拭干净。

(2)仪器避免碰撞和震动。非观测期间,仪器要放在盒内,切勿用手摸风杯。

(3)平时不要随便按风速按钮,计时器在运转过程中,严禁再按该按钮。

(4)轴承和螺帽不要随意松动。

(5)仪器使用 120 h 后,须重新检定。

## (二)便携式测风仪

FYF-1 便携式测风仪中风速的测量部分采用了微机技术,可以同时测量瞬时风速、瞬时风级、平均风速、平均风级和对应浪高等 5 个参数。有数据锁存功能,便于读数。在风向部分采用了指北装置,测量时无须人工对比、简化测量操作。本仪器体积小、重量轻、功能全、耗电省,可以广泛应用于农林、环境、海洋、科学考察等领域测量大气的风参数。

1. 构造和工作原理

便携式测风仪主要有风向部分、风速部分和读数器三个部分组成(见图 4.6)。

(1)风向部分

风向部分由保护风杯的护圈所支撑。由风向标、风向轴及风向度盘等组成,装在风向度盘上的磁棒与风向度盘组成磁罗盘用来确定风向方位。当旋转处于风向度盘外壳下的托盘螺母时,托盘把风向度盘托起或放下,使锥形定石轴承与轴尖离开或接触。风向示值由风向指针在风向度盘上的稳定位置来确定。

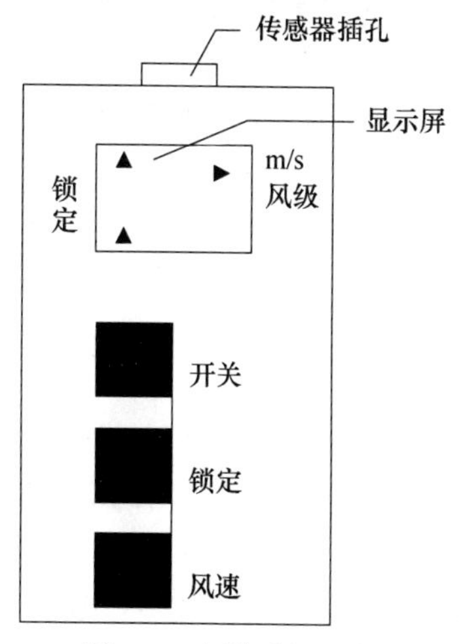


图 4.6 便携式测风仪

(2)风速部分

风速的传感器采用的是传统的三杯旋转架结构。它将风速线性变换成旋转架的转速。为了减小启动风速,采用铝制的轻质风杯。在旋转架的轴上固定有一个齿状的叶片,当旋转架在随风旋转时,轴带动着叶片旋转,齿状叶片在光电开关的光路中不断切割光束,从而将风速线性地变换成光电开关的输出脉冲频率。

(3)读数器部分

仪器内的单片机对风传感器的输出频率进行采样、计算,最后仪器输出瞬时风速、1 min 平均风速、瞬时风级、1 min 平均风级、平均风级对应的浪高。测得的参数在仪器的液晶显示屏上用数字直接显示出来。读数器前面板上有液晶显示屏、传感器插孔和 4 个功能键(见图 4.6)。

①ON/OFF 为电源开关键。按键用于切断或接通电源。

②锁定键用于暂时锁定数据的功能。按一下按键时,暂时锁定观测数据,仪器处于锁存状态时,显示屏左边显示两个小三角,它们是锁存标志记号,5 个测量参数同时初锁存。测量值锁存后不再随被测参数变。此时,可以应用风速键或风级键实现参数切换,选择显示某个被锁存的参数。在锁存状态时按一下锁存键,锁存标志记号(左边的两个小三角)消失,表示仪器回到测量状态。

③风速键用于测定瞬时风速与平均风速之间的换算。

④风级键用于测定瞬时风级与平均风级之间的换算。

2. 观测和使用方法

(1)安装 2 节 5 号 1.5 V 干电池。

(2)风向测量部分、风速部分和读数器部分相连接。

(3)在观测前应先检查风向部分是否垂直牢固地连接在风速仪杯的护架上,并反向旋转托盘螺母,使支撑着的托盘下降,使轴尖与锥形定石轴承接触。

(4)接通电源。仪器通电后首先进行显示器的自检,显示器上所有可能用到的笔画都显示大约 2 秒钟,然后仪器便进入测量状态。

(5)显示屏的右边有三个小三角,但运行时同时只会出现一个,它们是单位标志记号。它指示出现显示参数的单位。

瞬时、平均风速单位:m/s

瞬时、平均风级单位:级

仪器运行时,同时测量瞬时风速、瞬时风级、平均风速、平均风级、对应浪高这 5 个参数,但同时只能显示其中的一个参数。每按一次风速键显示参数就在瞬时风速和平均风速之间切换,每按一次风级键,显示参数就在瞬时风级、平均风级对应浪高之间切换,与此同时单位的标志记号也做相应的切换。显示时相应的位置上会出现小数点,风速、浪高参数小数点后保留一位,风级显示整数,没有小数点显示。

平均风速、平均风级、对应浪高需要有 1 min 的采样时间，所以在通电后 1 min 内，或锁存撤销后 1 min 内，不能得到正确的平均值，此时如要显示这些参数，显示器上显示“－－－－”表示这些参数无效，一直要等到采样时间大于 1 min 以后，显示器才显示有效的参数值。

(6)显示器上一共有 4 位数字，左边第一位显示的是参数号。

其含义为：A 为瞬时风速；C 为瞬时风级；B 为平均风速；D 为平均风级；E 为对应浪高。

(7)观测时应在风向指针稳定时读取方位读数。

观测后，为了保护轴尖与锥形定石轴承，旋转托盘螺母，使托盘上升，托起风向度盘，从而使轴尖与锥形定石轴承离开。

(8)旋转风速部分下面与读数器上面连接的螺帽旋转，拔除风速部分，使风速部分与读数器分离。

(9)将风向部分、风速部分和读数器擦干净后，放回盒里。

3. 注意事项

(1)当电源电压低于设定值(2.7 V 左右)时，显示器即显示“LLLL”，不再显示参数值，以免用户得到错误示值。并通知用户更换电池。

(2)由于本仪器采用的是小型干电池，所存电能有限。所以用完以后一定要记住及时关闭电源，以延长电池的寿命。

(3)由于仪器内有精密的机械结构，所以使用时应小心，不得摔碰。

## (三)数字式风速测量仪

1. 仪器构造

数字式风速测量仪为手持式风速测量仪，使用及携带方便、灵活，主要由读数器和测风探头两个部分组成。

(1)读数器

仪器内的单片机对风传感器的输出频率进行采样、计算。测得的风速值在仪器液晶显示器上用数字直接显示出来。

读数器有液晶显示器和 5 种功能按键(图 4.7)。

①ON/OFF 为电源开关键。按键用于切断或接通电源。

②HOLD 为数据锁定键。该按键用于暂时锁定数据的功能。按一下按键时，液晶显示屏左下角出现带方块框的英文大写字母 H，(H)，表示屏幕显示的观测数据已锁定；这时，对风速的变化没有反应。再一次按下数据锁定键，H 从液晶显示屏左下角消失，可以继续进行观测了。

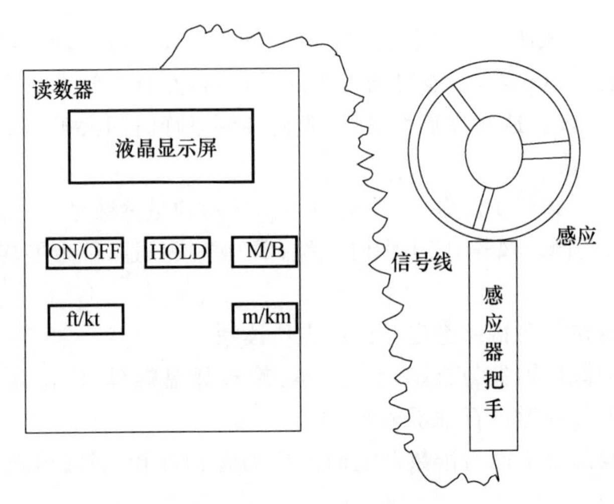


图 4.7　数字风速测量仪

③M/B 为公制与英制转换键。按下该键时，液晶显示屏显示的数据上面出现"knots"，表示观测处在英制状态；再按下该键时，液晶显示屏显示的数据下面出现"m/s"，表示观测处在公制状态下，这时风速单位为 m/s。

④ft/kt① 英尺/海里转换键。

⑤m/km 风速单位米/秒(m/s)千米/小时(km/h)之间的转换键。

(2)测风探头

包括信号线、感应头和感应器把手。

2. 数字式风速测量仪的使用方法

(1)按下"ON/OFF"开关键，风速仪电源被打开或切断。

(2)按照测量要求，选择相应的功能开关键。显示器上将显示出相应的测量单位符号。

(3)手握感应器把手，使感应头垂直对准被测试的风源，显示器将显示被测风源的数值。

(4)观测者站在仪器的下风方手持仪器，使仪器高出头部并保持垂直。

(5)假如需要记下某一测量值，则按下"HOLD"键，把显示器上的显示值锁定，重新按下"HOLD"键解除锁定。

3. 数字式风速测量仪的电池更换

(1)当左上角出现"BT"符号时，表示电池电量已经不足(6.5～7.5 V)，须更换电池。

(2)松开电池盖螺丝，然后推开电池盖换上新电池，把电池盖用螺丝拧紧。

① 1 ft=0.3048 m;1 kt =1852 m。

## (四)电接风向风速计

电接风向风速计是遥测风向风速的仪器，是一种既可观测平均风速，又可以观测瞬时风速以及指示风向和风级的功能。

1. 构造与工作原理

电接风向风速计由感应器、指示器、记录器组成的有线遥测仪器。感应器安装在室外的塔架上，指示器和记录器置于室内，指示器与感应器用长电缆相连，记录器与指示器之间用短电缆连接。

(1)感应器：感应器上部为测定风速的风杯，下部为风向标，如图 4.8 所示。风速表由风杯、交流发电机、涡轮等组成，当风带动风杯转动时，发电机就有交流电输出，电流的大小可反映出风速的大小。风向标由风标、风向方位块、导电环、接触簧片等组成，随着风标的转动，带动接触簧片在导电环和方位块上滑动，接通相应电路。

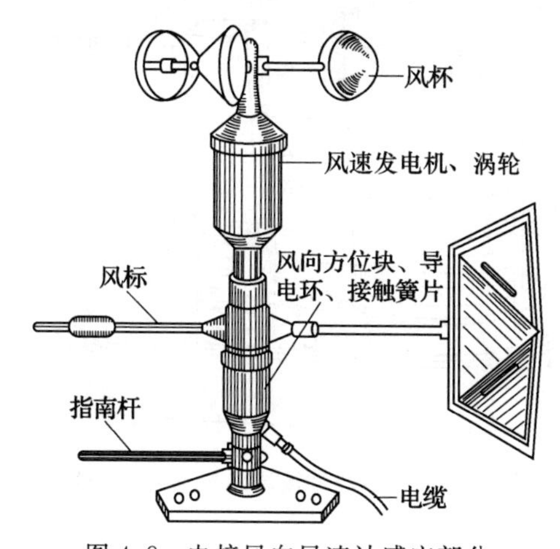


图 4.8　电接风向风速计感应部分

(2)指示器：指示器由瞬时风向指示盘、瞬时风速指示盘和电源等组成，如图 4.9。风向指示器以八灯盘来指示瞬时风向。风速指示器是一个电流表，表上有两个量程，分别为 0～20 m/s 和 0～40 m/s，用以观测瞬时风速。

(3)记录器：记录器由八个风向电磁铁、一个风速电磁铁、自记钟、自记笔、笔挡、充放电线路等部分组成，如图 4.10 所示，对风向、风速进行自动记录。

2. 观测与记录

(1)打开指示器的风向、风速开关，观测 2 min 风速指针摆动的平均位置，读取整数并记录。风速小的时候，把风速开关拨在“20”挡，读 0～20 m/s 标尺刻度；风速大时，应把风速开关拨在“40”挡，读 0～40 m/s 标尺刻度。观测风向指示灯，读取 2 min 的最多风向，用十六方位的缩写记载。静风时，风速记 0，风向记 C。平均风速超过 40 m/s，则记>40。

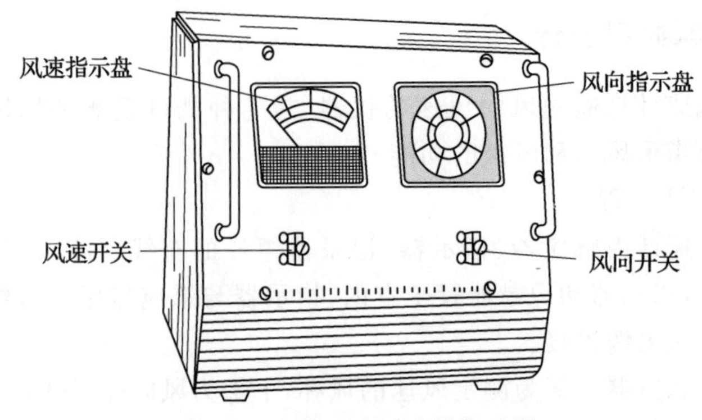


图 4.9　电接风向风速计指示器

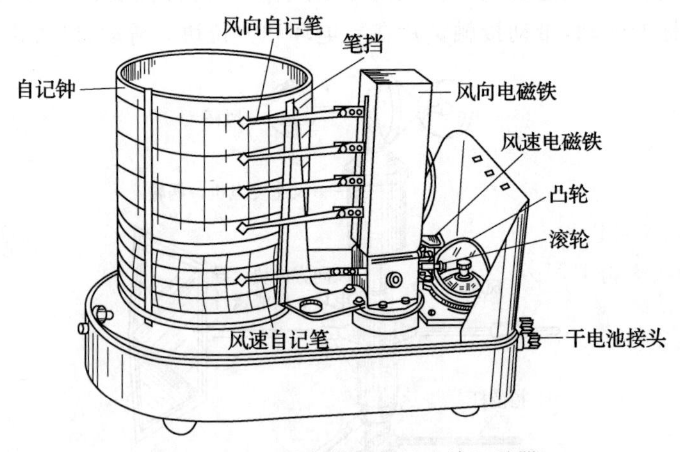


图 4.10　EL 型电接风向风速计记录器

(2)更换自记纸的方法基本与自记温度计、自记湿度计相同。对准时间后须将钟筒上的压紧螺帽拧紧。

(3)记录纸的读法

风速记录读法:读取正点前 10 min 内的平均风速,按迹线通过自记纸上水平分格线的格数来计算。自记纸上水平线是风速标尺,最小分度为 1.0 m/s。例如,通过 1 格记 1.0,1/3 格记 0.3,2/3 格记 0.7。平直线时记为 0.0。风速自记部分是按空气行程 200m 电接一次,风速自记笔相应跳动一次来记录的。如 10 min 内笔尖跳动一次,风速便是 0.3 m/s;跳动两次,风速便是 0.7 m/s。

风向记录读法:读取正点前 10 min 内的风向。风向自记部分每隔 2.5 min 记录一次风向,10 min 内连头带尾共有 5 次划线,挑取 5 次风向记录中出现次数最多的。若最多风向有两个出现次数相同,应舍去最左面的一次划线,而在其余 4 次划线中挑选。若再有两个风向相同的,则再舍去左面的一次划线,按右面的 3 次划线来挑取。

如5次划线均为不同方向，则以最右面的一次划线的方向作为该时记录。在读取风向时，应注意若10 min平均风速为0时，则不论风向划线如何，风向均应记C。

3. 安装注意事项

(1)感应器应安装在牢固的塔架上，并附设避雷装置。风速感应器(风杯中心)距离地面高度10～12 m。

(2)感应器中轴应垂直，方位指南杆指向正南。

(3)指示器应平稳安置在室内桌面上，用电缆与感应器相连接。

(4)电源使用交流电(220 V)。

4. 仪器维护

(1)风向方位块每年清洗一次。

(2)发现风向灯泡严重闪烁，或时明时灭，要及时检查感应器内的风向接触簧片的压力和清洁方位块。

(3)更换风向灯泡时，要用同样规格的(6～8 V，0.15 A)，不可使用超过0.15 A的灯泡。

## (五)热球微风仪

热球微风仪可以测定微小的风速(可测0.05 m/s的风速)。它主要用于测量农田株间或温室、大棚内微小气流。热球微风仪所测出的风速是瞬时风速，若要测出平均风速则需要多次读数，取平均值。

1. 构造及工作原理

热球微风仪主要是由感应部分和电流表两部分组成(图4.11)。

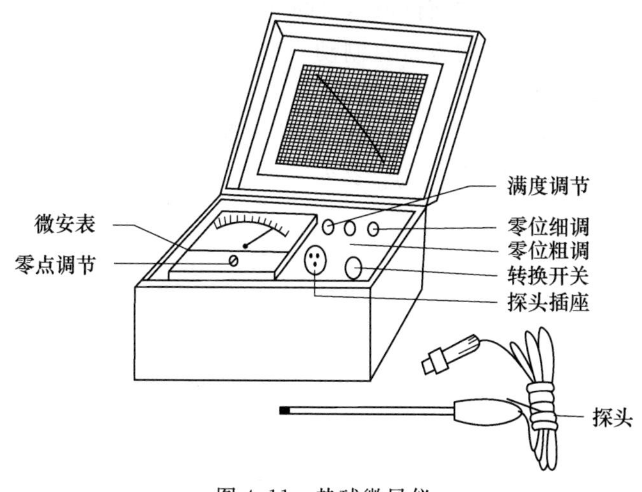


图4.11 热球微风仪

热球微风仪的感应部分是一段固定在支架上的，直径约为 0.6 mm 的玻璃球，球内绕有加热玻璃球用的镍铬线圈和热电偶的热端点，热电偶的冷端连接在支架上，直接暴露在气流中。当一定大小的电流加热线圈后，玻璃球温度升高，升高的程度和气流速度有关，流速小时升温高；流速大时升温低，温度的高低用玻璃球与支架之间的温差表示，该温差由热电偶测量得到。热电偶测量的温差电动势经过换算变成 m/s 的风速单位并标在刻度盘上，以便直接读出风速（指示风速）的大小，用指示风速可从仪器所附的检定曲线上查出实际风速。

2. 观测方法

(1)使用前把热球微风仪固定在横杆上，感应器上的红点朝主风向，电表放在下风向。

(2)将测杆插头插入插座，感应器处在关闭状态下，调节电表刻度盘的旋钮，先调“满度”，后调“零位”。

(3)从测杆尾部推出感应器，使其暴露在空气中，此时，电表指针的位置就是瞬时风速。连续读取 30 个数据，取其平均值，即是 5 min 的平均风速。

3. 仪器维护

(1)感应球不能长期暴露在空气中，不得用手触摸。

(2)观测时应注意避免碰断探头金属丝。

(3)保持仪器清洁，尤其玻璃球不能有水滴。

(4)严格按照操作规范要求进行观测。

## 作业

1. 动槽式水银气压表中如何读取当时的气压值？

2. 三杯轻便风向风速表的方位盘制动小套有什么作用？使用风速按钮要注意什么？

3. 手持测风用三杯轻便风向风速表、便携式测风仪、数字式风速测量仪三种仪器中，哪一种测风仪的性能最优？为什么？

# 实验五　温室小气候观测

## 一、目的和要求

了解温室小气候观测仪器的工作原理、构造特点、安装要求、使用及一般的维护方法，要求正确掌握温室小气候观测的一般方法，熟悉温室小气候观测仪器的使用方法，为今后进一步研究各类温室小气候环境特征，进行小气候环境监测和管理打下基础。

## 二、所需仪器

### (一)太阳辐射和光照观测仪器

天空辐射表或标准总辐射表、管状辐射表、分光辐射表、净辐射表、照度计或全自动量程照度计、微安电流表、辐射观测架、万向吊架、测杆。

### (二)空气温、湿度观测仪器

通风干湿表、干湿球温度表或温湿度测量仪或笔式温湿度计、测杆、温度表护罩。

### (三)土壤温度观测仪器

地面温度表、曲管地温表或插入式地温表或热敏电阻＋万用表、土壤热流板。

### (四)风向、风速观测

三杯轻便风向风速表、热球微风仪。

### (五)$CO_2$浓度观测

红外 $CO_2$气体分析仪。

## 三、实验内容

1. 温室内、外气温、土温分布特征的对比观测。

2. 温室内、外太阳总辐射和光照分布特征的对比观测。

3. 温室内、外空气湿度的对比观测。

4. 温室内、外风速的对比观测。

5. 温室内、外 $CO_2$浓度的对比观测。

## 四、测点布置与观测高(深)度的选择

水平测点，视温室或塑料棚的大小而定，如一个面积为 300～600m$^2$ 的日光温室可布置 5 个或 9 个测点(图 5.1)，其中点 5 位于温室中央，称之为中央测点。其余各测点以中央测点为中心均匀分布；设置 5 个测点，即在温室中央“十”字形排列 5 个测点；中型温室随室的走向排列 3 个测点；小型温室设 1 个测点，各测点要有一定间隔距离，室外要设对照点。

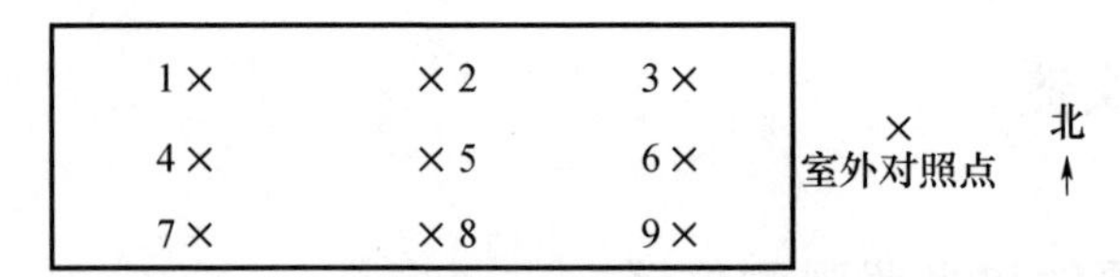


图 5.1 温室小气候观测水平测点分布图

测点高度以温室高度、作物状况、室内气象要素垂直分布状况而定，在无作物时，可设 0.2 m、0.5 m、1.5 m 3 个高度；有作物时可设作物冠层至冠层上方 0.2 m，作物层内 1～3 个高度，室外为 1.5 m 高度。大的温室一般可设 0.2 m、0.5 m、1 m、1.5 m、2 m，中型温室设 0.2 m、0.5 m、1 m、1.5 m，小温室设 0.2 m、0.5 m、0.8 m 等高度。设置观测高度也没有严格的规范，应根据棚的面积、高度和室内植物高度灵活设置。

土壤中应包括地面和地中根系活动层若干深度，如 0.1 m、0.2 m、0.4 m 等几个深度。

一般来说，在人力、物力允许时光照度测定，$CO_2$浓度，空气温湿度测定，土壤温度测定可按上述测点布置，如人力、物力不允许，可减少测点，但中央测点必须保留；而总辐射，光合有效辐射和风速测定，则一般只在中央测点进行。

观测仪器、仪器安装、观测时间、观测方法与农田小气候观测方法相同。

## 五、观测时间

选择典型的晴天或阴天进行观测。为了使温室内获得的小气候资料可进行比较，温室小气候观测的日界定为每日的 20 时。

1 d(24 h)内，空气温、湿度、土壤温度、$CO_2$浓度和风速观测每隔 2 h 一次，分别为 20 时、22 时、24 时、02 时、04 时、06 时、08 时、12 时、14 时、16 时、18 时共 11 次，如温室揭、盖帘时间与上述时间超过 0.5h，则应在揭盖帘后，及时加测一次。

总辐射、光合有效辐射和光照度，则在每日揭帘、盖帘时段内每隔 1 h 观测一次。

除总辐射和光合有效辐射观测时间取真太阳时外，其余要取北京时。

## 六、观测顺序

视人力、物力可采取定点流动观测或线路观测方法。在同一测点是自下而上，再自上而下进行往返两次观测，取两次观测的平均值。

在某一点按光照→空气温、湿度→$CO_2$浓度→风→土壤温度顺序进行观测。

### 作业

1. 将观测数据整理、计算、分析、列表、绘图，并附在实习作业本中。

2. 选择其中一种小气候要素，分析其温室小气候特征和小气候效应。

3. 结合某一种作物，分析该温室特征和效应的有利和不利之处，以及可能调控的措施。

# 实验六　农田小气候观测

## 一、目的要求

了解农田小气候观测仪器的工作原理、构造特点、安装要求、使用及一般的维护方法，要求正确掌握农田中辐射、温度、湿度、风等气象要素垂直梯度观测方法、数据记录、整理的原理和方法。

## 二、所需仪器

1. 农田中太阳辐射垂直分布观测仪器：天空辐射表、管状辐射表、分光辐射表、净辐射表、照度计或全自动量程照度计、微安电流表、辐射观测架、万向吊架、测杆。

2. 农田空气温湿度观测仪器：通风干湿表、干湿球温度表或温湿度测量仪或笔式温湿度计、测杆、温度表护罩。

3. 土壤温度观测仪器：地面温度表、曲管地温表或插入式地温表。

4. 农田中风向、风速观测：三杯轻便风向风速表、热球微风仪。

## 三、内容

1. 农田中太阳辐射垂直分布观测。
2. 农田中各观测层内的太阳辐射透光率的观测。
3. 农田中气温、土温垂直梯度观测。
4. 农田中空气和土壤湿度观测。
5. 农田中风的观测。

## 四、测点布置、观测项目、观测高度和观测时间

农田中小气候特征不仅表现在时间的变化上，而且也反映在空间分布的特点上。因此，在进行农田小气候观测时，必须正确掌握观测地段的选择，观测项目、观测点的设置、感应探头的布置、观测高度和观测时间的确定。

## (一)测点选择

农田中光照、温度、湿度、风等气象要素的变化是通过各种气象仪器的测量取得的,这些要素值的可靠真实性、代表性和正确性与正确选择观测点的关系很大。因为农田小气候特征除了受下垫面性质影响外,还与植株高度、密度、品种、农业技术措施等有关。

1. 测点的代表性

代表性就是应根据当地的自然地理条件、农业生产特点和研究任务来确定。在研究某一作物农田小气候特征时,必须在自然地理条件,农业技术措施和该作物生长状况有代表性的地段进行观测,测点要求设置在植株高低一致、生长均匀地段。这样,所取得的资料才能反映出该作物农田的小气候特点。

2. 测点的比较性

比较性是指测点观测的资料同对照点上观测的资料进行比较。通过对比观测,才能找出它们之间的差异,从而才能分析出植株间小气候特征和农业技术措施的小气候效应。

## (二)测点的设置

1. 基本测点

农田小气候观测点分为基本观测点和辅助观测点。基本观测点设置在最具代表性的观测地段上。基本观测点的观测项目要求比较齐全,观测时间、次数比较固定,同时,要观测作物的生长发育情况。

2. 辅助测点

设置辅助测点的目的,是为了补充基本测点的资料不足,完善基本测点的小气候特征。辅助测点可以是流动的,也可以是固定的。观测的项目、次数、时间可以和基本测点相同,也可以和基本测点不同,根据研究目的、要求来确定。测点的多少,也应根据研究目的和作物的实际情况而定。一般辅助测点观测次数比基本测点少,但观测时间应一致。

## (三)观测地段的面积

观测地段的面积主要取决于能否反映所要了解的小气候特征与观测方便与否。地段面积的大小以观测目的和内容来确定。观测地段的面积最小应为 15 m×15 m。

## (四)观测项目

根据不同研究目的确定观测项目,从实际出发,考虑人力、仪器设备条件,保证必须观测项目的观测,而不必包罗万象。一般观测的项目有:太阳总辐射、直接辐射、散射辐射、地面和作物的反射、照度；不同高度的空气温度和湿度；风向风速；云量、云状；天气现象等，以及作物发育期、植株高度等，根据研究任务不同，进行有针对性的观测。

### (五)观测高度和深度

由于空气温度、湿度和风等气象要素在垂直方向的分布规律，一般是随高度呈对数规律变化，所以选择观测高度不能等距离分布，一般离地面近的地方观测高度密一些，远离地面的地方密度稀一些。观测高度一般包括 20 cm、150 cm 和 2/3 植株高三个高度。原因：①20 cm 高度基本代表贴地气层的情况，同时 20 cm 高度又是气象要素垂直变化的转折点；②150 cm 高度能够代表大气候的一般情况，观测资料可和附近气象站的观测资料进行比较；③2/3 植株高是植株茎叶茂密的地方，代表农田植被活动层情况。

农田中风速的观测高度一般是 1/3 株高、2/3 株高和外活动面以上 1 m 高。

农田中辐射观测高度，一般选择植株基部、2/3 株高和作物层顶。作物层顶的光强表示自然光强，2/3 株高的光强可以反映植株的主要受光情况，基部反映作物下部的受光情况。

土壤温度的观测深度，一般在地表层布点密，而深层稀，常用 0 cm、5 cm、10 cm、15 cm、20 cm、30 cm、50 cm 7 个深度。后两个深度主要反映深耕农田的温度状况。

### (六)观测时间

农田小气候观测不需要长时间逐日观测，一般根据观测目的可结合作物的生育期选择不同天气类型(晴天、阴天、多云)进行观测，晴天小气候效应最明显，可连续观测 3 天。

观测时间应按以下原则进行选择：

1. 选择观测的时间所测的记录，算出的平均值应尽量接近于实际的日平均值。

2. 一天所选择的时间中，应有 1 到 4 次的观测时间与气象台站观测时间相同，便于比较。

3. 根据所选时间的观测，可表现出气象要素的日变化，包括最高和最低值出现的时间。

## 五、农田小气候观测

目前，农田小气候观测项目主要有太阳辐射、温度、湿度、风和 $CO_2$。

## (一)农田辐射的观测

到达农田中的太阳辐射,其作用一是进行光合作用,二是进行能量交换。

1. 观测内容

(1)农田中太阳辐射垂直分布的观测

太阳辐射到达植物层,除了吸收、反射,其余部分以透射的方式到达地面。透射距离越远,辐射能被减弱得越厉害。辐射能在植物层中减弱规律符合比尔定律,随着叶面积指数的增加,辐射值将减少。

(2)农田中辐射透射率的观测

植物群体中太阳辐射能的分布,还可以用辐射透射率来表示。辐射透射率既可以反映植被中辐射能的透射情况,又可间接反映植物群体的结构和辐射的利用情况。观测农田植被中的透射率可以是整层的,也可以是分层的,根据研究目的而定。若要研究整层的透射率,则应观测到达植物层上部的太阳辐射强度 $R_s$,以及植物层下部(离地越近越好)太阳辐射强度 $R_s'$,辐射透射率即为 $R_s'/R_s \times 100\%$。若需要逐层透射率的观测,则需要逐高度地观测太阳辐射强度。

(3)农田对太阳辐射反射率的观测

观测农田不同植物的反射和反射率对植物的光合产量及农田能量平衡有重要意义,测得农田植被层上方太阳辐射强度 $R_s$,同时测得植物层内的反射辐射强度为 $R_a$,则反射率为 $R_a/R_s \times 100\%$。

(4)光照强度的观测

农田植物群体内部的光照强度和透光率可以通过光照强度的观测和计算获得。

2. 观测仪器

小气候观测所用的仪器,一般要求灵敏度高、小巧、便于携带。观测辐射的仪器一般使用天空辐射表、净辐射表、微安电流表、光量子仪、照度计等。

辐射仪器和照度计的安装:为了使天空辐射表保持水平,可将天空辐射表感应器取下,安装在万向吊架上,万向吊架可固定在测杆上。照度计感应部分水平伸向观测高度。

3. 观测方法

(1)农田中太阳辐射垂直分布的观测方法

在辐射或光照度观测之前,要记录日光状况,即云遮蔽日光的程度,也称太阳视面状况,用下述符号记录:$\odot^2$——太阳视面无云;$\odot^1$——有薄云,地物影子清晰;$\odot^0$——云层较密,影子模糊;Ⅱ——云层厚密,无影子。农田中小气候观测点的数量的选定和观测高度的确定,根据观测目的和条件而定。辐射观测方法同于前述的太阳辐射的观测。

(2)农田中辐射透射率的观测方法

观测方法见辐射观测方法。如要计算某层透射率,即用到达此层下表面的辐射强度除以到达该层上表面的辐射强度的百分比表示。如果最低高度辐射强度为$R_{s1}$,顺序向上各高度辐射强度分别为$R_{s2}$,$R_{s3}$,…,$R_{s10}$,自然条件下辐射为$R_s$,则各层透射率分别为(自上而下):

$t_{10}=(R_{s10}/R_s)\times 100\%$,$t_9=(R_{s9}/R_s)\times 100\%$,…,$t_1=(R_{s1}/R_s)\times 100\%$

把求出各层的透射率点在坐标纸上,可以看出植物内透射率垂直分布情况。

(3)农田对太阳辐射反射率的观测方法

观测方法见辐射观测方法。在农田中某测点测量时先把辐射表感应面朝上,测得植被上方太阳辐射强度$R_s$,然后翻转感应面朝下,测得植被层的反射辐射强度$R_a$,在测点附近至少重复3次或4次,求得平均值作为此测点的反射率。

(4)光照强度的观测方法

使用照度计测定照度时,要使感应面保持水平,不要与阳光垂直。因为测量照度的目的是为了了解外活动面接收的太阳照度和透光程度,借以了解植株受光情况。由于植株接收阳光的活动面可视为水平面,所以感应面不应与光线垂直,先测植株以上高度,表示未被植株遮挡时的自然光强,再往下测定活动面高度和地面植株间光强。

## (二)农田空气温、湿度的观测

1. 观测内容

(1)农田空气温、湿度的观测

选择地形、土壤、农业技术措施和植物生长情况较均匀的地段作为测点。在每一观测地段,一般选择3~4个有代表性的观测点。同时要选择对比点。如选择有作物覆盖的地,则应选择裸地为对比点。通过不同高度温、湿度观测对比,可以分析出农田温、湿度的时空变化特征。

(2)农田土壤温、湿度的观测

选择与空气温、湿度相对应观测点观测。观测内容有:0 cm地温、地面最高温度、地面最低温度、5~20 cm各耕作层土温,也可测30 cm、50 cm深的土温。

土壤湿度一般是隔10 cm取一个深度,即0~10 cm、10~20 cm、20~30 cm等深度。观测深度和梯度根据研究任务和目的而定,也可测30~40 cm、40~50 cm。通过田间湿度测定,可以了解田间持水量,植物需水量及土壤干湿程度对植物的影响。

2. 观测仪器

(1)通风干湿表(阿斯曼)

通风干湿表安装在测杆的挂钩上,在50 cm以下高度,通风干湿表平挂(图6.1a),这样读数比较方便,可减少由于通风作用扰乱空气层的厚度,不致减少温度和湿度的梯度值。在50 cm以上高度,通风干湿表应垂直悬挂(图6.1a),一方面便于观测,另一方面是由于在这个高度以上,气层的温度和湿度的梯度较小,由通风产生的误差也不大;若把仪器水平放置,反而会影响仪器的通风速度。为减少重复设置,采用双股麻绳系住通风干湿表,挂在测杆顶端的挂钩上,然后利用绳的不同挂结,即可在各个高度上进行温度和湿度的梯度观测(图 6.1b)。

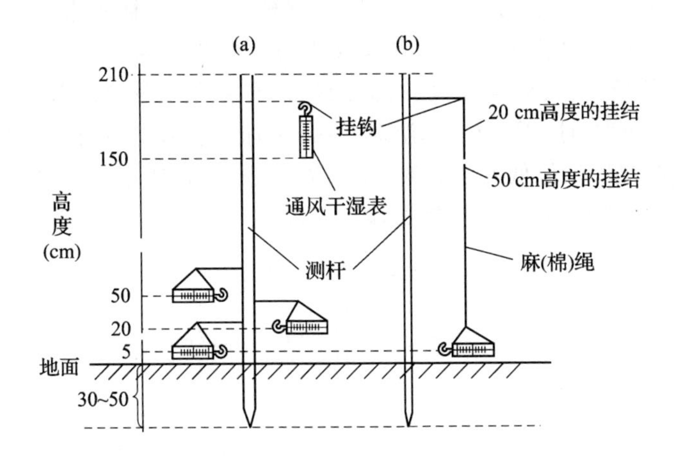


图 6.1 通风干湿表的安置

悬挂通风干湿表的测杆以木质为宜,其直径约 4 cm,长约 220 cm。杆的下端埋入土中,测杆地上部漆成白色,以避免其辐射热对通风干湿表的影响。

(2)干湿球温度表

除了通风干湿表外,还常用干湿球温度表,最高、最低温度表等普通温度表。由于普通温度表不像通风干湿表有防太阳辐射装置和通风装置。因此,使用普通温度表时,需加温度表护罩,护罩用白漆涂刷。否则测出的温度白天偏高,晚上偏低,温度表护罩构造见图 6.2。

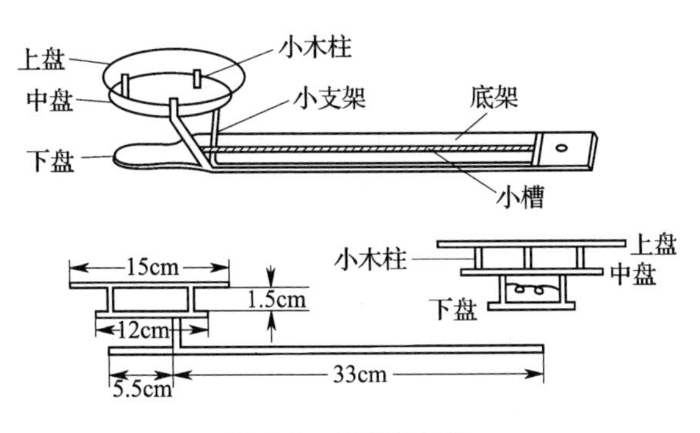


图 6.2 温度表护罩

护罩上盘的大小还可根据所在纬度、观测季节的太阳高度角确定，高纬度稍大，低纬度略小，以能阻挡太阳辐射为限，上盘由三根小木柱支撑，对小木柱的要求不但要细，还要力求牢固。在小支架之间用细铁丝绕两个比温度表略大的圆环，以便把温度表的球部一端支撑起来(支撑点距离球部约 3～4 cm)。干湿球温度表和最高、最低温度表安装在护罩下面，护罩可安装在测杆上。测杆被垂直埋入观测地段，测杆上在需要观测的各个高度上要有安放仪器的支架和挂钩，见图 6.3。每层支架上左面的护罩安装最高、最低温度表，右面的护罩安装干湿球温度表。各温度表的球部向外。安装温度表时，干球在前，湿球在后，湿球温度表的水杯应固定在距离球部 3～4 cm 处，安装最高、最低温度表时，最高温度表在前，要求顶部稍垫高，以防水银柱上滑；最低温度表在后，球部稍垫高，防止游标下滑。

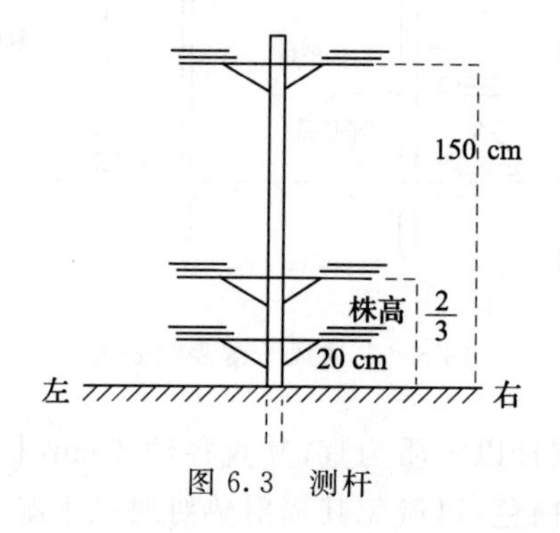


图 6.3　测杆

(3)土壤温度表

地温表可选用曲管地温表和插入式地温表。安装位置应在测杆南侧约 2 m 远的地方，以免测杆阻挡太阳。地面 0 cm、最高、最低温度表和曲管温度表的安装方法与观测场温度表安装方法相同，但应尽量避免根系受损。

3.观测方法

(1)通风干湿表的观测方法

如果只有一个通风干湿表进行梯度观测时，可采取上下往返观测，先从下而上各高度的观测，再从上而下进行重复观测，这样可消除观测数据的时间误差，提高资料的准确性和比较性。在观测 50 cm 以下高度的温湿度时，通风于湿表的保护管应水平地朝向迎风面的一方，以使空气畅通地流经温度表球部，但应避免太阳光线射入套管内。

(2)干湿球温度表观测方法

观测时先给湿球加水，后读数；先读干球，后读湿球；先读小数，后读整数；先从下往上读，再从上往下读，取 2 次平均数记入表中。观测的同时，记载当时的风向、风速、云况等。

(3)地温观测方法

从东到西,从浅到深,即 0 cm、5 cm、10 cm、15 cm、20 cm 逐个读取,精确到 0.1 ℃。最高、最低地温观测方法与观测场观测地温相同。

(4)土壤湿度的测定

土壤湿度的测定,可结合观测目的,决定测定时间和测定深度。

①测定土壤湿度使用的仪器和用具是:田间工作用的取土钻、盛土铝盒、取表土的小圆筒、天平、烘箱等。

②测定土壤湿度时,需注意下列事项:取土前如有降水,但取土时地面无积水,应照常取土。如取土时有降水或正在灌溉,可后延一天进行。

③计算土壤湿度百分率时,先分别算出含水量(盒湿土重减去烘干后盒干土重)与干土重(烘干后盒土重减去盒重),按下列公式计算出土壤湿度百分率。取小数一位。

土壤湿度百分率=(含水量/干土重)×100%

选择能够代表当地土壤性质、作物长势均匀一致的农田,在 08—09 时进行取土。测定深度 0～10 cm、10～20 cm、20～30 cm,也可 30～40 cm、40～50 cm。各深度至少取 3 个土样取其平均值。取土地点应在前次 1～1.5 m 以外,向下取土时取土钻应保持垂直。将取出的土样盛在铝盒里称湿重,送到 100～105 ℃烘箱烘 7 h 以上,取出再称其干重。称量土样时一定要复称。

## (三)农田中风的观测

1. 观测内容:测定 20 cm、2/3 株高及植被以上 1 m 三个高度的风向、风速。

2. 观测仪器

常用的仪器是三杯轻便风向风速仪和热球微风仪。轻便风向风速表应安装在空旷、空气畅通的地方,在安置时,风杯一定要保持水平,以减少转轴的摩擦,刻度盘应背着风向,观测员要从下风方向接近仪器进行读数。在梯度观测中,风向风速表的安置有多种高度选择。根据资料可知,选择 50 cm、200 cm 是较合理的,因它具有标准高度的意义。但在实际农田测风中,人们更多的是采用 20 cm 和 150 cm 的高度,这是风梯度观测的一种简单形式。

热球微风仪一般测农田植被内气流速度,观测到的是瞬时风速,它随时间变化很大。为了比较农田内外的风状况,须在农田内外各用一个微风仪进行同步观测若干分钟(如观测 2 min,其间每隔 2 s 读一次数)。农田测点视需要而定,根据风速资料,可求出农田内外的平均风速比(或称相对风速)和脉动风速比(或称相对脉动风速)。

热球微风仪若多次重复观测,大约在 10 min 后必须压回套杆,重新调整满度和零度后方可继续测量。

## 六、农田小气候观测程序

由于一个观测点上往往有较多的观测项目，观测一遍需要较长时间。这必然使得测得的各项数值不是在同一时刻，失去观测时间的代表性。为消除时间差异，必须采用往返观测法，各观测项目的数据应为正点前后两次观测读数的平均值（图6.4）。

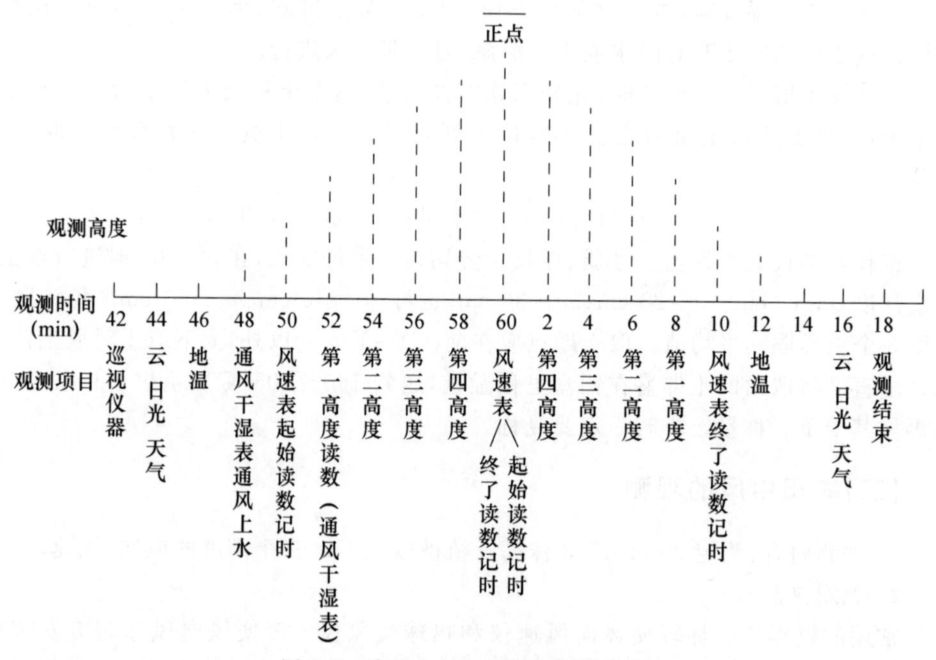


图 6.4 农业小气候观测程序示意图

通常正点观测时间提前 10 min 开始，至正点后 10 min 终止。准备工作的时间应提前在正点 10 min 以前完成。一次观测的持续时间一般不能超过 20 min，尤其是在小气候要素时间变化较大的时候。

若有三个测点，其观测顺序应为测点 1→测点 2→测点 3→测点 3→测点 2→测点 1。必须注意的是，相邻 2 个测点应隔多长时间观测将取决于观测项目的多少，但时间间隔越短越好。

### 作业

1. 绘制农田中不同高度太阳辐射强度的日变化和垂直变化曲线图，并对比说明。

2. 计算植被层内太阳辐射透射率。

3. 测量作物群体的反射辐射，并计算反射率。

4. 观测某一作物不同高度的光照强度。

5. 绘制作物层、裸地 0 cm 地温和不同高度气温日变化曲线图，并对比分析。

6. 绘制作物和裸地 03 时、09 时、15 时、21 时土温随深度变化曲线，并说明垂直分布特征和造成差异的原因。

7. 绘制农田风速廓线图。

# 实验七　农田防护林小气候观测

## 一、目的和要求

了解气象观测仪器在农田防护林的温度、湿度、辐射、风速等气象要素进行多点观测的工作原理、构造特点、安装要求、使用及一般维护方法，要求正确掌握农田防护林小气候观测点的布设，以及根据观测到的气象数据结合疏透度指标评价农田防护林网结构的合理性和生态效益。

## 二、所需仪器设备

1. 辐射仪器：总辐射表、直接辐射表、净辐射表、光合有效辐射表。

2. 温度仪器：地面温度表、曲管地温表和各种温度表。

3. 湿度和蒸腾仪器：通风干湿表和蒸腾仪。

4. 测风仪器：三杯轻便风向风速表、电接风向风速仪、便携式测风仪和数字式风速测量仪等仪器。

5. 林带的疏透度：运用改进的数字图像处理法，用数码相机拍摄照片，用 CIAS 软件测定林带疏透度。

## 三、实验内容

1. 用辐射仪器观测离林带不同距离处总辐射、光合有效辐射和净辐射以及直接辐射和散射辐射。

2. 用温度观测仪器观测离林带不同距离处地下 0～20 cm 深度土壤温度，离地面不同高度处空气温度。

3. 用湿度、蒸腾(蒸发)观测仪器观测离林带不同距离处、地面不同高度处的空气湿度和蒸腾量(若是裸地则测蒸发量)。

4. 用风向风速观测仪器观测离林带不同距离处离地面不同高度处的风向风速。

5. 对比分析林网内外各气象要素在水平距离上的变化。

## 四、地段选择、测点布置和观测高度

### (一)地段选择

观测地段的选择应满足如下要求:①观测地段必须选择在防护林(网)防护范围内,并在空旷地上设有对照观测地段;②所选择的防护林(网)要具有代表性,组成林网的林带结构均匀,有足够的长度,两端绕过的气流不影响林带背风向较远处的观测结果;③对照点与林网内测点要有可比性;④对照点的向风面上应有足够远的均质下垫面,其距离应在观测高度的100倍以上,并在孤立障碍物高度10倍以上,距带状障碍物高度60~100倍以外。

### (二)测点布置

有两种不同的布点方法:①中心轴线布点法(图7.1左图),该法常用于观测林带的防风特征。自林带中点引一垂直于林带的轴线,在该线上布点。迎风面观测点设在距林带20 H、15 H、10 H、5 H、3 H和1 H(H为林高,下同)距离处;背风面观测点设在1 H、3 H、5 H、7 H、10 H、15 H、20 H、25 H、30 H、35 H、40 H、50 H、60 H等距离上。设点多少,应视林带距离、人力、物力而定。靠近林带处设点要密,远离林带处设点要稀。两测点间小气候要素的差值应大于仪器误差。测点过少,不能揭示林带小气候的完整特征;测点过多,也不能提高分析精度,徒然增加工作量。②大五点布点法(见图7.1右图),该法常用于观测林网的综合小气候特征。以林网两对角线交叉点为中心点,中心点四周于对角线上各设1个点。

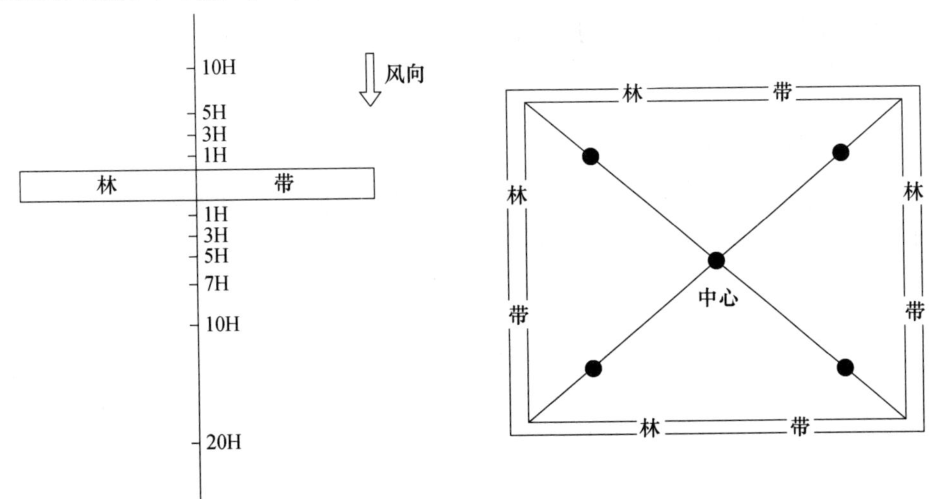


图7.1 防护林(网)小气候观测测点布局示意图

### (三)观测高度(深度)

垂直方向上一般在距地面 0.2 m、0.5 m、1 m、2 m、5 m、10 m、15 m、20 m、25 m 高度设观测点。在人力和仪器条件不允许时,测点高度可酌情减少,但下述高度一般都应当设置,即:0.2 m、作物活动面高度,冠层顶部和距冠层顶部 0.5 m。测定土壤温度时,设置 0 cm、5 cm、10 cm、20 cm 和 40 cm 五个深度。

## 五、观测方法

选择典型天气连续观测,全部观测项目应在 20 min 内完成,所需时间等分在正点时间前后。

1. 防风效应观测:取同一方位(东西向)在林带背风面设若干点,按树高倍数(1 H、5 H、10 H、15 H、20 H)在风向与林带基本垂直时,与空旷地(对照)同时用测风仪器观测离地面 1.5~2 m 处的风速风向。

2. 温度和湿度观测:在离林带 5 H、10 H、15 H、20 H 和 25 H 处设百叶箱,或用通风干湿表测定空气温湿度,用地面温度表和曲管地温表测地面温度和地中温度。每一个测点上梯度观测的顺序为自下而上,再自上而下进行往返两次观测。

3. 辐射观测:取同一方位(南北向)在林带背风面设若干点,按树高倍数(1 H、5 H、10 H、15 H、20 H)中午太阳入射光线与林带基本垂直时,与空旷地(对照)同时用辐射仪器观测离地面 1.5~2 m 处的总辐射、散射辐射、直接辐射、净辐射和光合有效辐射。

4. 蒸发观测:20 时各测点各高度所有要素观测后,测定蒸发量并加水。

## 六、小气候效应的分析方法

### (一)防风效应的分析

把观测到的数据填写到表 7.1 相应处,计算出平均风速(m/s)和降风效果(%)。

平均风速=(1 H 处风速+5 H 处风速+10 H 处风速+15 H 处风速+20 H 处风速)/5

降风效果(%)=平均风速/对照风速

表 7.1 防风效应比较

| 林带名称 | 林带内风速(m/s) | | | | | | 对照风速 | 降风效果 |
|---|---|---|---|---|---|---|---|---|
| | 1 H | 5 H | 10 H | 15 H | 20 H | 平均 | (m/s) | (%) |
| | | | | | | | | |

### (二)温度效应的分析

1. 平均气温:比较林带内各观测点的平均气温与林带外对照点的平均气温,分析林内平均气温升降值为多少。

2. 地面温度:比较林带内各观测点的地面温度与林带外对照点的地面温度,分析防护林对林内地面温度的影响。

3. 地中温度:比较林带内各观测点的 0～20 cm 深处土温与林带外对照点相应深度的土温进行比较,分析防护林对林内地中温度的影响。

### (三)湿度效应的分析

比较林带内各观测点的平均相对湿度与林带外对照点的相对湿度,分析防护林对林内相对湿度的影响。

### (四)太阳辐射的分析

对比林带内各观测点的总辐射、直接辐射、散射辐射、光合有效辐射和净辐射与林带外对照点同一时间观测的辐射值,分析防护林影响下林内各观测点辐射的日变化。

### 作业

1. 防护林对农田有哪些小气候效应?

2. 农田防护林的小气候效应的研究方法和分析方法与农田小气候分析有哪些相同和不同的地方?

# 实验八　自动气象站基本原理及其应用

自动气象站是地面气象观测的关键设备，能够实现24小时连续不间断的自动观测各类气象要素数据信息，并能实现自动处理、存储和传输数据。如果需要，可直接或在中心站编发气象报告，也可以按业务需求编制各类气象报表。与常规人工观测相比，自动观测在观测频次、观测要素上更加优越，自动观测更具有客观性、可以充分满足气象观测业务的新标准、新需求。但它还不能完全替代观测员的人工观测。

此外，通过建立实时大气-土壤-作物长势及环境一体化的自动观测系统，可以及时掌握作物生长环境、开展农事活动和现代化农田管理、科学评估气象因子对作物的影响、监测评估农业气象灾害、制作作物产量预报等。

自动气象站按照提供数据的时效性可分为实时自动气象站和非实时自动气象站。实时自动气象站能按规定的时间实时提供气象观测数据，而非实时自动气象站只能定时记录和存储观测数据，不能实时提供气象观测数据。

## 一、主要功能

1. 自动气象站的具体组成框架如图8.1所示。能够实现24 h连续不间断地自动采集气压、空气温度、空气湿度、风向、风速、雨量、蒸发量、日照、辐射、地温等全部或部分气象要素。

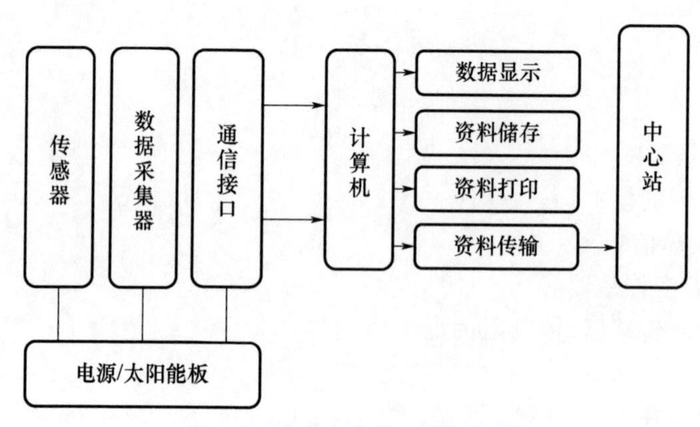


图8.1　自动气象站组成框架图

2. 按业务需求通过计算机输入人工观测数据。

3. 按照海平面气压计算公式自动计算海平面气压;按照湿度参量计算公式计算水汽压、相对湿度、露点温度以及所需的各种统计量。

4. 编发各类气象报告。

5. 形成观测数据文件。

6. 编制各类气象报表。

7. 实现通信组网和运行状态的远程监控。

## 二、基本结构

自动气象站由硬件和系统软件组成,具体如下。

### (一)硬件

自动气象站的硬件包括:传感器,采集器,通信接口,系统电源,计算机等,如图8.2所示。

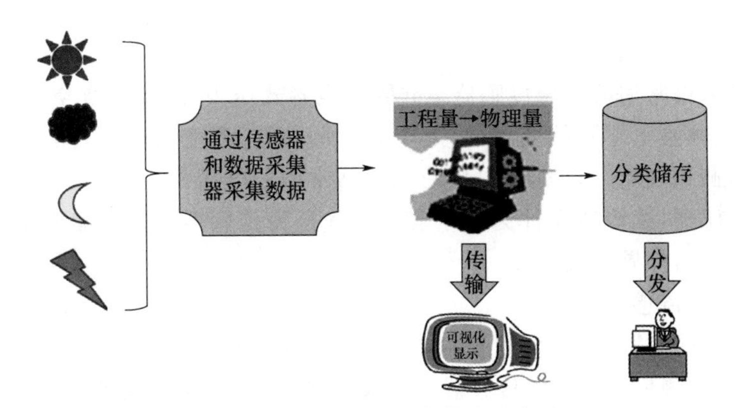


图 8.2 自动气象站硬件构造示意图

1. 传感器:能感受被测气象要素的变化,并能按一定的规律将气象参数转换成数据采集器所需的模拟量、数字、频率等,通常由敏感元件和转换器组成。常见传感器见图 8.3,具体信息如下。

(1)大气温度传感器

铂电阻温度传感器:铂电阻的电阻值随温度变化,通过测量其电阻值可以计算出被测物体温度。常见的 PT100 感温元件包括陶瓷元件、玻璃元件和云母元件,它们分别由铂丝包在陶瓷框架、玻璃框架和云母框架上,经复杂工艺加工而成。气象观测站的气温、草面温度、浅层土壤温度和深层土壤温度均采用这种传感器。

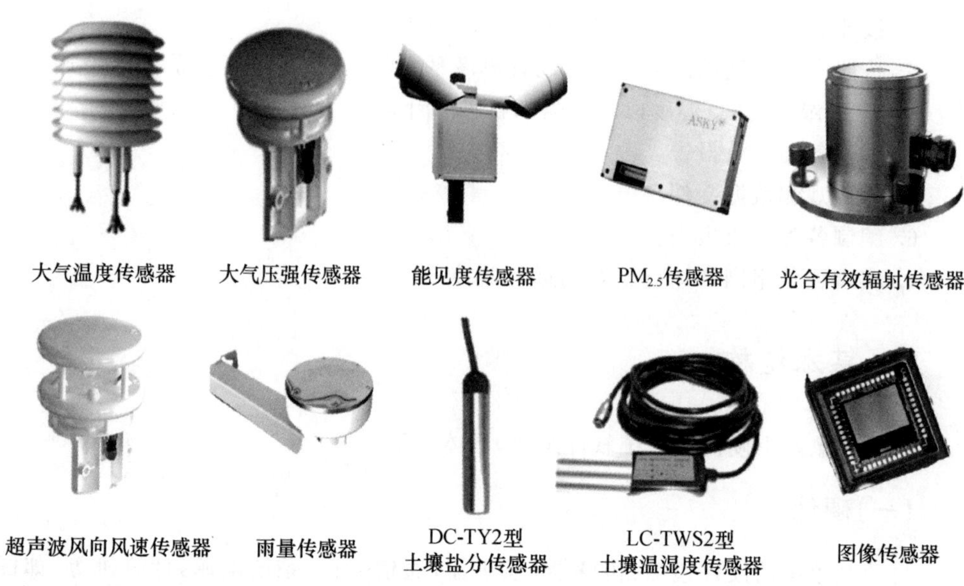


大气温度传感器　大气压强传感器　能见度传感器　$PM_{2.5}$传感器　光合有效辐射传感器

超声波风向风速传感器　雨量传感器　DC-TY2型土壤盐分传感器　LC-TWS2型土壤温湿度传感器　图像传感器

图 8.3　常见传感器

(2)大气压强传感器

自动气象站常用的气压传感器是硅膜盒电容式压力传感器，真空膜盒采用单晶硅薄膜，通过膜盒上下膜的变形，引起电容片的位移，改变电容量，然后通过测量电容的变化来测量气压。目前我国自动气象站常用的气压传感器是一种智能全补偿数字气压传感器，其传感元件为硅电容。空气压力传感器安装在集热器壳体内，通过静压通讯管与外界大气连接。

(3)能见度传感器

利用光的前向散射原理，它发出红外光脉冲，并测量大气中悬浮粒子的前向散射光强度，通过测量发射器和接收器之间水平空气柱的平均消光系数计算能见度。

(4)$PM_{2.5}$传感器

$PM_{2.5}$传感器即空气质量传感器(激光粉尘传感器)，集空气动力学、数字信号处理、光机电一体化的高科技产品，主要用于检测大气中的$PM_{2.5}$粒子浓度。其采用电子切割器技术，光散射式原理，对输出的脉冲信号经过数字化处理，并通过 UART、I2C、IR 或 PWM 等接口输出，实时监测；采用高精度风扇吸气，流量稳定，进出气均匀，检测数据精确。

(5)光合有效辐射传感器

采用高精度的光电感应元件，宽光谱吸收，400～700 nm 范围内吸收量高，稳定性好；当有光照时，产生一个与入射辐射强度成正比的电压信号，并且其灵敏度与入射光的直射角度的余弦成正比。防尘罩采用特殊处理，减少灰尘吸附，有效防止环境因素对内部元件的干扰,能够较为精准地测量光合有效辐射量。

(6)超声波风向风速传感器

利用超声波在空气中传播速度受空气流对风的影响进行测量,通过一个串行或两个模拟输出提供风速和风向数据,为了确认正确的操作,风传感器输出与仪表状态代码一起传输。采用无腐蚀聚碳酸酯结构,整个测风系统没有任何机械转动部件,无惯性测量。

(7)雨量传感器

由上盖、外壳和下盖组成,壳体内部有压电片和电路板,可以固定在外径 50 mm 立柱上。传感器采用冲击测量原理对单个雨滴重量进行测算,进而计算降雨量。雨滴在降落过程中受到雨滴重量和空气阻力的作用,到达地面时速度为恒定速度,根据 $p=mv$,测量动量即可求出雨滴重量,进而得到持续降雨量。

(8)土壤盐分传感器

DC-TY2 型土壤盐分传感器是观测和研究盐渍如和水盐的重要工具,将传感器埋在所要研究的土壤中,就可以直接观测土壤里的盐分变化。

(9)土壤温湿度传感器

LC-TWS2 型土壤温湿度传感器是将土壤水分和土壤温度传感器集中为一体。其中土壤湿度采用先进的频域测量技术原理(FDR 技术)来测量土壤介电常数,从而得到土壤含水率;土壤温度使用铂电阻传感器,采用铂电阻随温度的变化电阻阻值呈线性变化的技术原理。挂接 7 支土壤温度传感器和 8 支土壤水分传感器,可以采集地表、地下 5 cm、10 cm、15 cm、20 cm、30 cm、40 cm 等深度土壤温度,以及地下 0～10 cm、10～20 cm、20～30 cm、30～40 cm、40～50 cm、50～60 cm、70～80 cm、90～100 cm 等深度土壤水分。

(10)图像传感器

图像传感器是对农作物生长状况观测的关键组成部分,是进行农作物生长状况自动观测的基础,负责农作物图像的采集,可以对作物发育期、株高、密度、覆盖度、叶面积、苗情分类以及干旱、洪涝、倒伏、病虫害等信息进行监测。例如,玉米的观测可识别发育期为出苗、3 叶期、7 叶期、拔节期、抽雄期、乳熟期、成熟期等;水稻可识别发育期的观测为移栽期、返青期、分蘖期、拔节期、孕穗期、抽穗期、乳熟期、成熟期等。采集到图像后,传输到数据中心站进行智能图像识别。图像传感器一般由光学镜头、CCD 或者 CMOS 感光元件、图像处理器、控制电路、通信模块等组成。

2. 数据采集器:数据采集器是自动气象站的核心,其主要功能是将传感器送来的参量按照设定的要求进行处理,经过处理的数据资料用有线或无线的方式传输给用户,或储存起来。具体流程如图 8.4 所示。

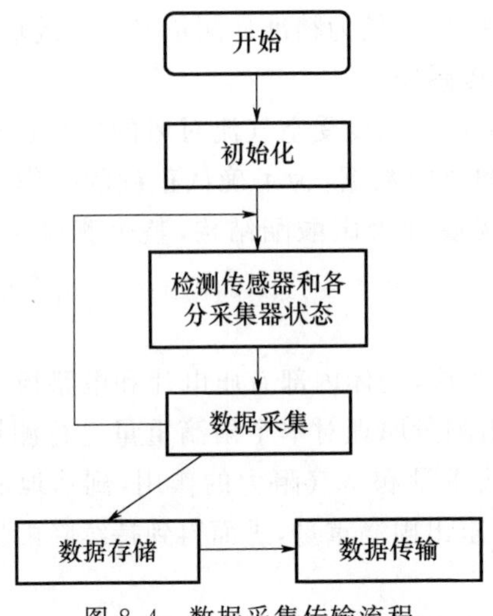


图 8.4 数据采集传输流程

3. 系统电源：自动气象站具备高稳定、无干扰的系统电源。在有市电的地方，使用市电，并对备用电池充电，以备出现故障时使用。若使用计算机，则还需配备不间断电源(UPS)和后备电池。在无市电的地区，自动气象站可用电池供电，这时，可用辅助电源对电池充电。可作辅助电源的有：柴油或汽油发电机、风力发电机、太阳能电池板等。

4. 通信接口：连接采集器与计算机、计算机与中心站、采集器与中心站等的通信连接设备。外围设备根据不同的需要配置的外围设备有：计算机、打印机、显示器等。通信方式使用无线(4C/SC)通信方式将数据传送至数据处理计算机或者中心站数据服务器，进行数据存储及后续的应用。

## (二)软件

自动气象站的系统软件包括采集软件、业务软件和远程监控软件。

1. 采集软件由厂家提供，写在采集器中，主要有以下几种功能：

接受和响应业务软件对参数的设置和系统时钟的调整；实时和定时采集各传感器的输出信号，经计算、处理形成各气象要素值；存储、显示和传输各气象要素值；大风报警；运行状态监控。

2. 业务软件根据地面气象业务的需要编制。主要功能包括：参数设置、实时数据显示、定时数据存储、编发气象报告、数据维护、数据审核、报表编制，按照《全国地面气象资料数据模式》形成统一的数据文件等。

3. 远程监控软件可实现组网和远程控制。

## 三、数据采样和计算

### (一)采集数据

自动站的数据采样在采集器中完成,采样顺序:气温、湿度、降水量、风向、风速、气压、地温、辐射、日照、蒸发。

### (二)数据资料计算方法

气温、地温、湿度、气压等气象要素需计算平均值,同时选取极值;降水量、日照时数、蒸发量、辐射等气象要素均计算累计值。

## 四、现代常见自动气象观测系统

### (一)常规自动气象观测系统

现代最常见的自动气象观测系统能自动采集空气温湿度、土壤温湿度、风向风速、雨量、蒸发量、日照、辐射、地温等全部或部分气象要素,如图 8.5 所示。

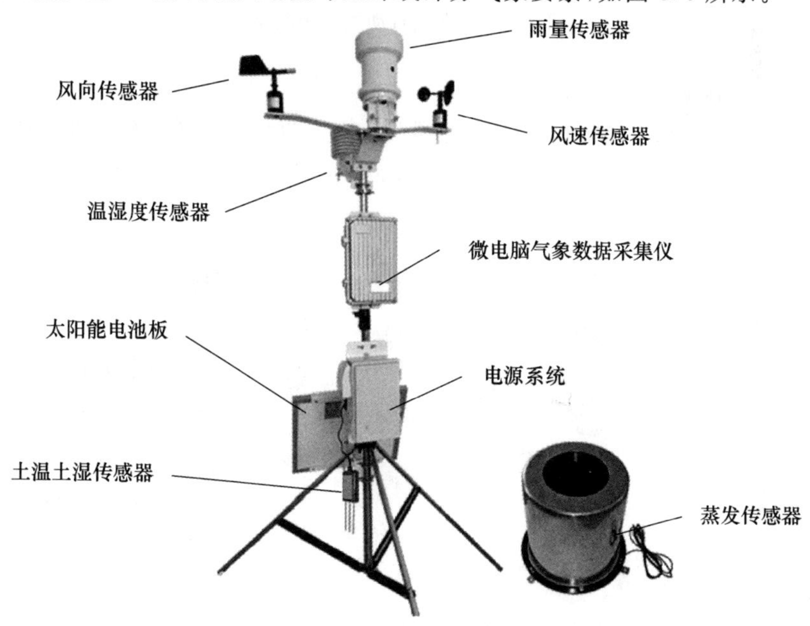


图 8.5　常见自动气象观测系统

## (二)便携式一体化自动气象站

便携式自动气象站除具备常规自动气象站的特征外，还能实现方便携带，说走就走，真正开启说走就走的气象观测之旅(图 8.6)。

图 8.6　便携式自动气象观测站

1. 传感器配置

该设备实现 VIP 定制时代，气象参数随意配，功能随心选，传感器支持市面上 90%以上传感器，支持 60 通道无中转接入，如图 8.7 所示。

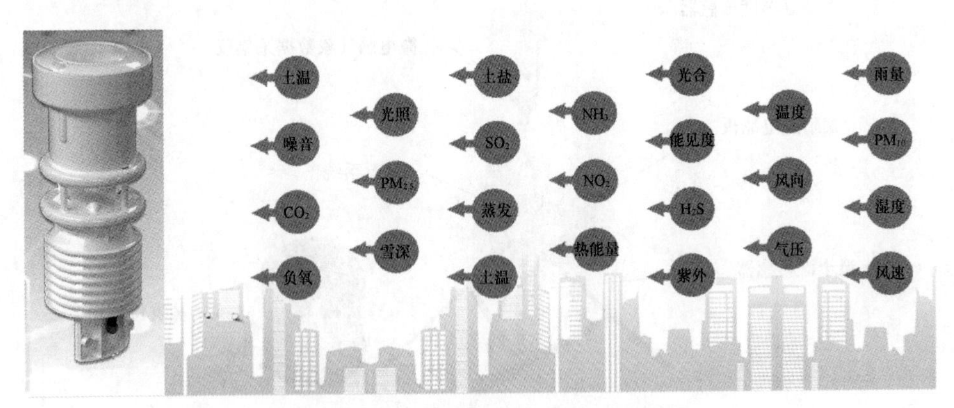


图 8.7　便携式一体化自动气象站传感器

2. 数据采样及处理

实现智能化云数据，想看就看，不必守在电脑前，数据传输如图 8.8 所示。

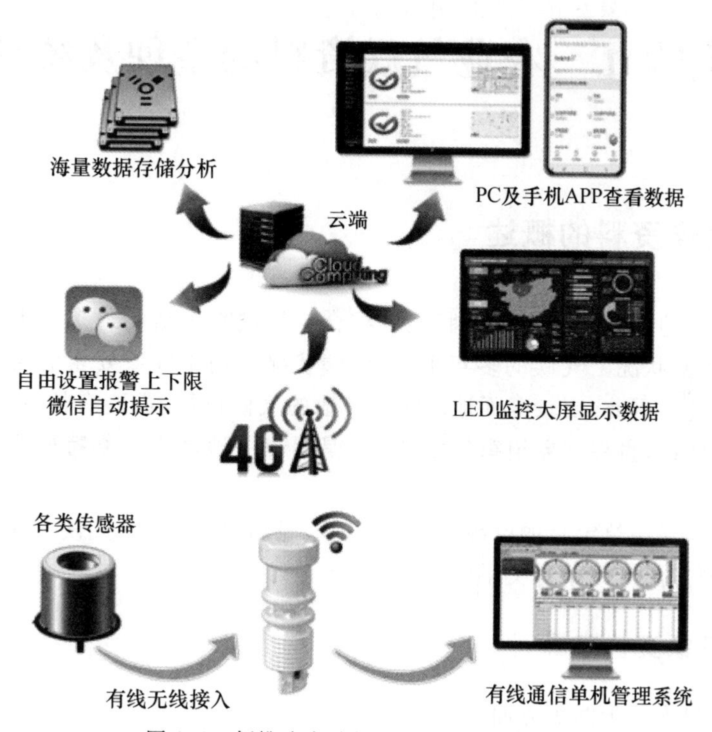


图 8.8　便携式自动气象观测站数据传输

# 实验九　农业气候资料的整理及统计

## 一、气候资料的概述

气候是一地长时期所有天气状况的综合。气候既包括一地多年平均的天气状况，也包括极端状况。气候的多年平均、极端状况分别用气象要素的历年平均值和极端值来表述。因此，要较全面地反映出一地的气候特征，需要有长时期的、连续的气象资料。所以，世界气象组织规定，30 年是得出一地基本气候特征所需连续资料的最短年限。

气候资料是一笔宝贵的资源，是人们认识、掌握各类天气、气候特征和变化的基础，气候资料广泛应用于各类生产部门。

### (一)气象资料来源

气象资料来源于两个方面：

1. 常规来源：是气候资料的主要来源。来源于各级气象台站系统地、连续地、定时观察和观测，这一工作主要在地面气象观测场内完成。

2. 特殊来源：为服务特殊生产或研究目的而设置的专门气象台站。如水文站、海洋站、高山站、航空站、军事测站等，农业气象实验站就是其中一个重要的系统。

来源于各种途径的气象资料(原始数据)必须经过严格审查。对错误的、不合理的数据做出技术处理后，根据气候学原理，按数理统计的原则和方法进行整理统计，得出各类统计量，绘制相关图表，目的是为今后直接应用。

### (二)气象资料的基本要求

1. 连续性。资料在时间序列上不间断，且有足够时间长度。

2. 准确性(即客观真实性)。有以下两方面的含义：

(1)观测精度：主要由要素变化、仪器性能和观测条件所决定。气象要素的精度见表 9.1。从表中可看出很多气象要素要取 1 位小数。

表 9.1　主要气象要素的精度要求

| 气象要素 | 单位 | 精度 | 气象要素 | 单位 | 精度 |
|---|---|---|---|---|---|
| 日照 | h | 0.1 | 降水、蒸发 | mm | 0.1 |
| 土温 | ℃ | 0.1 | 风速 | m/s | 0.1 |
| 日照百分率、空气相对湿度、风向频率 | 百分数(%) | 取整数 | 气压、水汽压、饱和差 | hPa | 0.1 |

(2)观测的准确程度：主要由仪器准确度和观测误差所决定。

资料审查主要是针对后一种数据的，但最好是在观测过程中杜绝错误情况的出现。因此，观测人员在巡视及整个观测过程中都要加强责任心，认真仔细，一丝不苟，客观规范记录。

3. 均一性。指资料序列能反映出要素的连续性变化。

如果在某一时间点上要素值骤然过大或过小，或自某一时段起要素值大起或大落，我们称为要素的非均一现象。这将破坏要素时空分布与变化的原有客观规律及其合理性。

4. 代表性。指资料能反映出测点所在地的气象要素时空分布与变化的基本特征。若代表性出现问题，其原因主要是环境变化或观测方法改变，或是中途更换仪器、观测人员失误等。所以观测人员应克尽职守，避免人为因素影响。

5. 比较性。指气象资料在时间上或空间上均具可比性。

为了使观测数据具有可比性，对观测过程有统一的标准和规定。为避免气象要素在此时段与彼时段或甲地区与乙地区的异同，因此，在选点原则、采用仪器的型号和设置要求、要素观测的时间和方法及其所取精度等，必须有统一的标准和规定。

## 二、目的要求

掌握气候观测资料的整理、统计的原则和方法，能独立绘制和运用各种图表，提高分析气象观测资料的技能。

## 三、实习内容

1. 气象要素的一般统计。
2. 气候图表的制作。
3. 农业气候指标的确定与计算。

# 四、气象要素的统计

## (一)气象要素的数学计算

1. 日平均值的计算

气象要素的日平均值表示要素的平均状况。适用于计算水汽压，空气相对湿度和地下 5 cm、10 cm 地温日平均值。

$$\overline{T}=t_{合}/n$$

式中：$\overline{T}$ 为要素日平均值；$t_{合}$ 为一天中各观测时间观测到的同一个要素值合计；$n$ 为一天中观测次数。

例如：以气温为例，02 时、08 时、14 时、20 时的气温分别为 $t_{02}$、$t_{08}$、$t_{14}$、$t_{20}$，则

$$日平均气温\ \overline{T}=(t_{02}+t_{08}+t_{14}+t_{20})/4$$

2. 月、年平均值及历年平均值计算

(1)月平均值：月平均值=月内各日日平均值之和/该月的实际天数。

(2)年平均值：年平均值=年内各月月平均值之和/12 个月。

(3)历年平均值：历年平均值=历年各年年平均值之和/年数。

3. 月极值及出现日期的挑选

最高、最低气温（或地面）等气象要素的极值及出现日期，分别从逐日统计中挑取。

4. 总量计算

日照时数、降水量、蒸发量观测的是日总量，不统计日平均。

## (二)气候图表

各类气候用表多根据实际需要、按时间先后或空间高、低、远、近等有序排列。用表设计没有固定模式，其原则应力争简明，充分表现出要素时空分布与变化的基本规律。

气候用表容量可大可小，但容量大是它的优点，但它所提供的信息有时却不直观、不形象、不醒目，而这些正是各类气候图的长处。

下面介绍几种常用的气候图或气象要素图及其绘制。

1. 风玫瑰图

风速、风向频率玫瑰图是某月（或某年）的风速、风向频率值资料，采用极坐标（以极角表示风向、以半径表示频率和平均风速）绘制而成，见图 9.1。它能清晰、直观地显示出某个方向的风速大小及某风向出现频率的大小（图 9.1，中心处以实线圆

圈表示静风频率)。

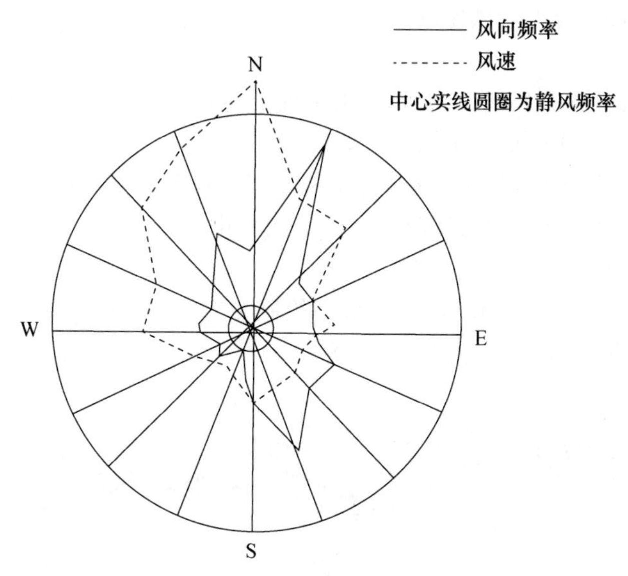


图 9.1　风向、风速频率图

(1)风向、风速资料统计

①求出某风向月平均风速

根据定时风向、风速观测值,分别统计出各个风向定时的风速合计及出现的次数,填入相应表格中,按下式求出某风向月平均风速。各风向月平均风速取一位小数。

$$\text{某风向月平均风速}=\frac{\text{该风向的风速月合计}}{\text{该风向出现次数的月合计}}$$

②求出月的某风向频率

月的某风向频率是指月内该风向出现的次数占全月各风向(包括静风)记录总次数的百分比。风向频率取整数,小数四舍五入,某风向未出现,频率栏中空白。

$$\text{月某风向频率}=\frac{\text{该风向出现次数的月合计}}{\text{全月各风向记录总次数}}$$

(2)绘制风速、风向频率玫瑰图

具体步骤如下:

①以一个中心作圆,将圆周分为 16 等分,通过圆心做 16 条射线,表示 16 个方位,然后按一定的比例将风向频率点在相应方向的线段上,线段长度与频率成正比,如用 2 cm 表示频率 10%,4 cm、6 cm……分别表示 20%、30%……的风向频率,再将各点用实折线连接起来,以静风频率为半径画一圆,此圆表示静风频率。这样就绘出了风向频率玫瑰图。

②在风向频率玫瑰图上，将计算出的各风向平均风速，按一定比例点在相应方向线段上，线段长度与平均风速成正比，如用 1 cm 表示 1 m/s 风速，再将各点用虚折线连接起来。

注意要把风向频率实折线与平均风速虚折线（也可用不同粗细或不同颜色的线）明显区分开。这样就绘出了风矢量玫瑰图。

③风向频率还可以与其他气象要素结合起来（如天气现象）绘制玫瑰图，用来预报或提供某风向出现某要素（天气现象）的可能变化。

2. 等值线图

用得最多的还是各类等值线图，一般多绘制在空白的地图上，要素的空间分布和地理分布一目了然，它是气象学等分析研究的有力工具。图 9.2 为海平面等压线图。

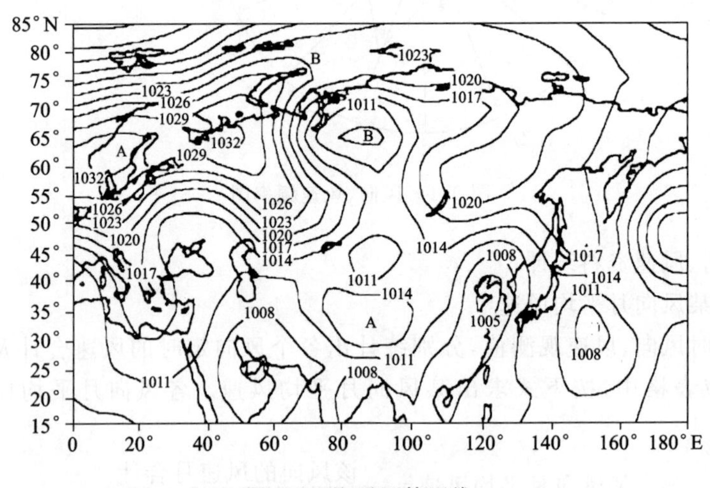


图 9.2　海平面等压线

顾名思义，同一条等值线上的所有各测点的要素值必须相等。绘制等值线时应注意以下各点：

(1)等值线必须连接等要素值点，当通过两测点之间时，采用内插法绘制。

(2)每相邻两等值线的要素间距值必须相等。

(3)等值线不得相交，一般也不得分支。

(4)等值线一般应终止于图边；当有高低值区时，应绘出闭合的等值线。

(5)等值线应平滑流畅。

3. 曲线图

当要素的时间变化是连续的、而非跳跃式的时候，直方图不能反映出要素连续变化的规律特征，此时需用曲线图。此外，要素的空间分布，如某一时刻土温、气温的铅直分布等，也需借助于曲线图。曲线图和等值线图都是以平滑流畅的曲线来表示某种特征或规律，但等值线图多用于要素的地理分布，常有闭合的高低值区，而曲线图则多用于表示要素的时空分布与变化，不会出现曲线闭合的情况。

4. 积温列线图

积温列线图为列线图中的一种。在同一自然地理区内，各地基本气候特征相似，其累积积温的变化也具有相似性。据此制作的积温列线图，在农业气候分析中，在作物物候期预报中，在病虫害的预测预报中，都有广泛的应用。图 9.3 表示测站①、②和③的积温列线图，纵轴为≥$T_0$之历年平均累积积温（该纵轴值向上是减小的），时间横轴仍以旬为单位。将各地≥$T_0$之初日以及历年平均累积积温达 100 ℃·d、200 ℃·d……时所对应的日期分别连成一平滑曲线，组成一列线族。

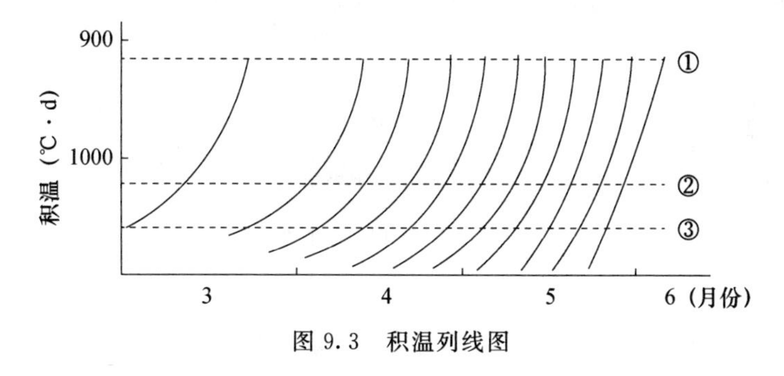


图 9.3　积温列线图

5. 直方图

直方图法是用于确定稳定通过界限温度的多年平均起始、终止日期的方法，如图 9.4。

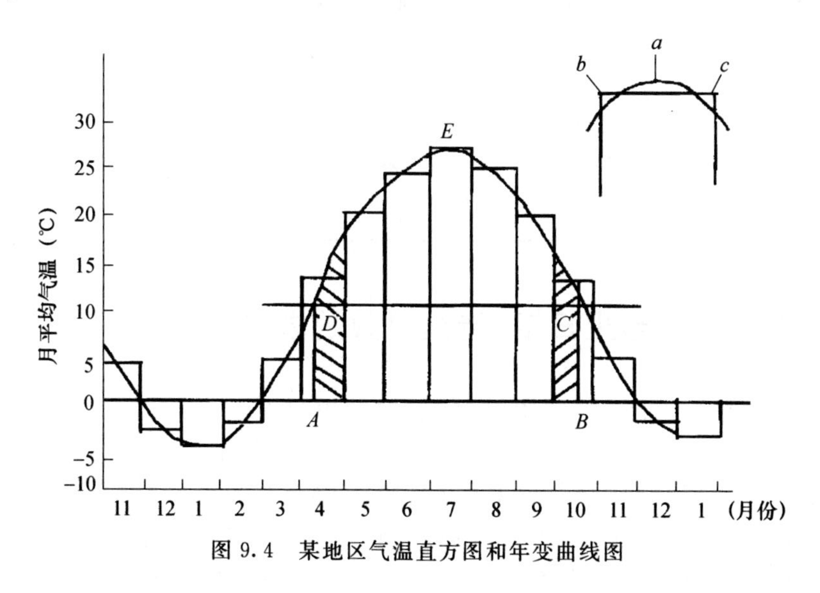


图 9.4　某地区气温直方图和年变曲线图

## 五、各观测项目的记录单位及记录要求

在地面气象观测、小气候观测和农业气象要素观测中，对观测要求的取舍及观测准确度的要求有差异，但观测记录单位要统一，记录要求也基本相同。具体要求见表9.2。

表9.2 各观测项目的记录单位及记录要求

| 观测项目 | 单位 | 记录要求 | 备注 |
| --- | --- | --- | --- |
| 太阳辐射通量密度 | $W/m^2$ | 取整数 | |
| 光照度 | lx | 取整数 | |
| 日照时数 | h | 取一位小数 | |
| 日照百分率 | % | 取整数 | |
| 温度 | ℃ | 取一位小数 | 0℃以下加“－”号 |
| 水汽压 | hPa | 取一位小数 | |
| 相对湿度 | % | 取整数 | |
| 露点温度 | ℃ | 取一位小数 | 0℃以下加“－”号 |
| 降水量 | mm | 取一位小数 | 不足0.05mm，记“0.0” |
| 蒸发量 | mm | 取一位小数 | 不足0.05mm，记“0.0” |
| 降水强度 | mm/h | 取一位小数 | |
| 气压 | hPa | 取一位小数 | |
| 风向 | 度或方位 | 取整数或一个方位 | 静风记“C” |
| 风速 | m/s | 取一位小数 | 用电接测风仪，则取整数 |

## 六、界限温度起止日期、持续日数的求算方法

在农业气候分析过程中，界限温度是经常使用的指标，在农业气候工作中占有重要的地位。把用一定方法求得的某界限温度起止日期称为稳定通过某界限温度的起止日期或初、终日期。界限温度起止日期、持续日数的求算方法有偏差法、五日滑动平均法、候平均气温法、日平均气温绝对通过法、直方图法等。

下面介绍直方图法和五日滑动平均法求算界限温度起止日期、持续日数的方法。

## (一)直方图法

直方图法是用于确定稳定通过界限温度的多年平均起始、终止日期的方法。它是用当地多年月平均温度资料绘制直方图,然后绘制温度年变化曲线,由此确定界限温度的多年平均起止日期、持续日期和此间的活动积温。

1. 绘制直方图

在坐标纸上以横坐标代表月份,各月所占格数按该月天数标定,其比例大小随要求而定,一般以 1 mm(即 1 小格)代表 1 d(或 2 d);以纵坐标代表温度值,以 1 mm 代表 0.1 ℃(或 0.2 ℃)。将各月多年平均温度点在该月月中相应日期上(大月点在 16 日,小月点在 15 日,2 月点在 14 日),然后以月平均温度为高,各月日数为底作直方形,为显示最冷月的温度变化情况,绘图是应从当年最冷月的前一个月开始,至次年最冷月结束,即从 12 月、1 月、2 月……12 月和 1 月共绘 14 个直方形,这样就得到一张逐月平均温度直方图。

从各月直方形的高,低可大致了解当地全年温度变化的总趋势,见图 9.4。图 9.4中还可看出最冷、最热月出现的时间,温度年较差(最热与最冷月平均温度之差),还可根据直方形的面积得到各月温度总和(某月平均温度与该月天数之积)。

2. 绘制温度年变化曲线

通过各月直方形顶边中点进行连线,绘制成平滑的气温年变化曲线。在绘制时,要尽可能使每个直方形被切去的面积与在其上方被划入的面积相等,以保持直方形的原面积,尽量准确反映温度年变化的实际情况。为达到上述要求,曲线有时也不一定正好通过直方形顶边中点。

此外,还要注意年变化曲线最高点和最低点的曲线走向特点,如果最热(冷)月直方形两侧的直方形等高,则曲线的最高点应在最热(冷)月直方形正中的位置,如图 9.4 中的小图,要使曲线的最高(低)点两边切去的面积之和等于划入的面积。如果最热(冷)月直方形两边的直方形不等高,则曲线的最高(低)点应向较高(低)的月份偏移,同样也保证切去的面积等于划入的面积。当开始连成曲线时,线条要轻些,最好先用铅笔,以便后来做适当的修改和调整,曲线要求尽量光滑,重复月份的曲线走向一致。

3. 平均初、终日期的确定

由直方图绘制成的温度年变化曲线,是一条连续曲线,代表着该地区多年温度变化情况。以确定某地≥10 ℃的起止日期为例,图 9.4 中,首先在纵坐标上找出所求的界限温度 10 ℃那点,并从此作平行于横坐标的直线,直线与温度年变曲线交于 D、C 两点,则 D、C 两点所对应横坐标的日期即为界限温度的起止日期,持续天数的计算与“五日滑动平均法”一样,用初、终日期所对应的日序计算。

4. 界限温度起止日期间平均活动积温的求算

活动积温通常被用来描述某地区的热量资源条件。下面以图 9.4 为例，说明活动积温的求算方法，图中可以看出，稳定通过界限温度 10 ℃的起止日期分别为春季的 4 月 7 日和秋季的 10 月 20 日。初终日期间的活动积温就是图中 $ABCED$ 所包围的曲线面积。此面积是由三部分组成，即起始月面积、终止月面积、经过月面积。

(1)起始月和终止月活动积温的求算：起始月和终止月的活动积温分别是图 9.4 中 4 月 7—30 日和 10 月 1—20 日的二块梯形面积(图 9.4 中二块阴影部分)。因此，要按梯形面积的求算方法求出：

$$梯形面积=\frac{(上底+下底)\times 高}{2}$$

图 9.4 中查到，起始月的上底为 4 月 7 日对应的温度 10 ℃，下底为 4 月 30 日对应的温度 18.0 ℃，高为 4 月 7 日至 4 月 30 日的天数 24d(30－7＋1＝24)。

起始月活动积温＝(10＋18)×24/2＝336 ℃・d

同样，查到终止月的上底为 10 月 20 日对应的温度 10 ℃，下底为 10 月 1 日对应的温度 16.8 ℃，高为 10 月 1 日至 10 月 20 日的天数 20d(20－1＋1＝20)。

终止月活动积温＝(10＋16.8)×20/2＝268 ℃・d

(2)经过月活动积温的求算：经过月 5－9 月的活动积温是图中 ABCED 所围曲线面积减掉二块阴影面积剩余的部分，它等于各月直方形面积之和，即

某月直方形面积＝该月月平均温度×该月天数

从图 9.4 可看出，5—9 月月平均温度分别为 21.5 ℃、25.0 ℃、27.5 ℃、26.0 ℃、21.0 ℃。每个月月平均温度乘上该月实际天数，即为该月的活动温度。即：

5 月活动积温＝21.5×31＝666.5 ℃・d

6 月活动积温＝25×30＝750 ℃・d

7 月活动积温＝27.5×31＝852.5 ℃・d

8 月活动积温＝26×31＝806 ℃・d

9 月活动积温＝21×30＝630 ℃・d

5－9 月期间的活动积温等于各月活动积温之和，即

经过月活动积温(5－9 月期间的活动积温)＝666.5＋750＋852.5＋806＋630＝3705 ℃・d

最后把求出的这三部分面积相加，即为某地稳定通过某界限温度的多年平均活动积温。

多年平均活动积温＝起始月活动积温＋终止月活动积温＋经过月活动积温＝336 ℃・d＋268 ℃・d＋3705 ℃・d＝4309 ℃・d

5. 界限温度起止日期间平均有效积温的求算

有效积温通常用来描述某地区的热量条件和某种生物的热量需求，有效温度等于活动温度减去界限温度。从图 9.4 可知，有效积温就是图中界限温度 10 ℃线以上与年变化曲线所围面积，即 *DCE* 所围面积，它等于 *ABCED* 所围线面积减去 *ABCD* 所围矩形面积，求算时可用公式：

多年平均有效积温＝多年平均活动积温－界限温度×持续天数

≥10 ℃界限温度起始日期为 4 月 7 日，终止日期为 10 月 10 日，

≥10 ℃持续天数＝24＋31＋30＋31＋31＋30＋20＋1＝198 d

多年平均有效积温＝4309－10×198＝2329 ℃·d

## (二)五日滑动平均法

该方法为中国气象局规定的全国各气象台站计算界限温度起止日期的统一方法。它是利用一年的逐日日平均气温资料求算出稳定通过某界限温度的起止日期，持续日数和积温的方法。具体方法如下。

界限温度初日(起始日期)的确定：从逐日日平均温度资料中，找出日平均温度第一次出现大于等于该界限温度的日期，向前推四天，按日序依次计算每连续五日的日平均温度的平均值。从中选出大于等于该界限温度的五日滑动平均值，并在其后不再出现低于该界限温度的五日滑动平均值。从该五日滑动平均温度的五天中，挑选出第一个日平均温度大于等于该界限温度的日期，此日期即为稳定通过该界限温度的起始日期，即初日。

界限温度终日(终止日期)的确定：在初秋，从逐日日平均温度资料中，找出日平均温度第一次出现低于该界限温度的日期，向前推四天，按日序依次计算出每连续五日的日平均温度的平均值，直到出现第一个五日滑动平均温度低于该界限温度。选取最后一个大于等于该界限温度的五日滑动平均温度，从该五日滑动平均温度的五天中，选取最后一个日平均温度大于等于该界限温度的日期，此日期即为稳定通过该界限温度的终止日期，即终日。

以下以界限温度 0 ℃为例，求算稳定通过 0 ℃的起止日期、持续日数和积温。

1. 确定春季 0 ℃的起始日期

从表 9.3 所给资料，春季日平均温度高于 0 ℃的第一个日期出现在 3 月 13 日，从 3 月 13 日起，向前推四天，依次计算连续五日滑动平均值，结果见表 9.3。从计算结果来看，3 月 21 日至 3 月 25 日五日滑动平均值高于 0 ℃，这期间后的五日滑动平均值连续且一直≥0 ℃，不再出现小于 0 ℃现象。所以，从 3 月 21—25 日的时段中找出第一个日平均温度≥0 ℃的日期，即 3 月 25 日是春季 0 ℃的起始日期，为初日。

2. 秋季 0 ℃终止日期的确定

**表 9.3 某地某年部分逐日气温(℃)资料及五日滑动法计算举例平均**

| 春季 | | | | 秋季 | | | |
|---|---|---|---|---|---|---|---|
| 日期(日/月) | 日平均气温(℃) | 时段 | 五日滑动平均值(℃) | 日期(日/月) | 日平均气温(℃) | 时段 | 五日滑动平均值(℃) |
| 1/3 | −11.2 | | | 1/11 | 6.9 | | |
| 2/3 | −8.1 | | | 2/11 | 5.8 | | |
| 3/3 | −9.8 | | | 3/11 | 4.9 | | |
| 4/3 | −7.1 | | | 4/11 | 4.7 | | |
| 5/3 | −5.7 | | | 5/11 | 4.1 | | |
| 6/3 | −1.8 | | | 6/11 | −0.8 | 2/11—6/11 | 3.7 |
| 7/3 | −0.8 | | | 7/11 | −2.5 | 3/11—7/11 | 2.1 |
| 8/3 | −4.9 | | | 8/11 | 0.8 | 4/11—8/11 | 1.3 |
| 9/3 | −3.8 | | | 9/11 | 3.1 | 5/11—9/11 | 0.9 |
| 10/3 | −4.3 | | | 10/11 | 4.2 | 6/11—10/11 | 1.0 |
| 11/3 | −2.8 | | | 11/11 | 5.5 | 7/11—11/11 | 2.2 |
| 12/3 | −0.3 | | | 12/11 | 5.9 | 8/11—12/11 | 3.9 |
| 13/3 | 0.8 | 9/3—13/3 | −2.1 | 13/11 | 6.4 | 9/3—13/3 | 5.0 |
| 14/3 | 2.3 | 10/3—14/3 | −0.9 | 14/11 | 4.7 | 10/11—14/11 | 5.3 |
| 15/3 | 0.8 | 11/3—15/3 | 0.2 | 15/11 | 3.5 | 11/11—15/11 | 5.2 |
| 16/3 | 1 | 12/3—16/3 | 0.9 | 16/11 | 2.4 | 12/11—16/11 | 4.6 |
| 17/3 | −2.2 | 13/3—17/3 | 0.5 | 17/11 | 1.6 | 13/11—17/11 | 3.7 |
| 18/3 | −1.3 | 14/3—18/3 | 0.1 | 18/11 | −0.5 | 14/11—18/11 | 2.3 |
| 19/3 | −2.5 | 15/3—19/3 | −0.8 | 19/11 | −2.5 | 15/11—19/11 | 0.9 |
| 20/3 | −2.8 | 16/3—20/3 | −1.6 | 20/11 | −4.5 | 16/11—20/11 | 0.7 |
| 21/3 | −0.5 | 17/3—21/3 | −1.9 | 21/11 | −6.5 | 17/11—21/11 | −2.5 |
| 22/3 | −1.9 | 18/3—22/3 | −1.8 | 22/11 | −7.4 | 18/11—22/11 | −4.3 |
| 23/3 | −0.2 | 19/3—23/3 | −1.6 | 23/11 | −8.0 | 19/11—23/11 | −5.8 |
| 24/3 | −0.1 | 20/3—24/3 | −1.1 | 24/11 | −7.9 | | |
| 25/3 | 4.9 | 21/3—25/3 | 0.4 | 25/11 | −8.1 | | |
| 26/3 | 6.3 | 22/3—26/3 | 1.8 | 26/11 | −8.6 | | 以下均≤0 |
| 27/3 | 6.4 | 23/3—27/3 | 3.5 | 27/11 | −9.1 | | |
| 28/3 | 9.8 | | | 28/11 | −10.1 | | |
| 29/3 | 6.3 | | 以下均≥0 | 29/11 | −11.3 | | |
| 30/3 | 5.1 | | | 30/11 | −12.7 | | |
| 31/3 | 8.2 | | | | | | |

从表 9.3 所给资料看出，秋季日平均温度低于 0 ℃的第一个日期出现在 11 月 6 日，从 11 月 6 日起，向前推四天，依次计算连续五日滑动平均值，结果见表 9.3。从表中计算结果看，11 月 16 日至 11 月 20 日期间的五日滑动平均值高于 0 ℃，该期间后的五日滑动平均值均小于 0 ℃，所以，从 11 月 16—20 日的时段中找出最后一个日平均温度≥0 ℃的日期，即秋季 0 ℃的终止日期为 11 月 17 日，为终日。

3. 界限温度持续天数的计算

稳定通过某界限温度的持续天数，是指包括初、终日在内的由起始日期到终止日期的总天数。计算持续天数时可利用“日期序列表”来计算（见表 9.4）。即：

$$持续天数=终日序-初日序+1$$

从表 9.4 中可以看出，0 ℃的终止日期 11 月 17 日所对应的日序为 321；0 ℃的起始日期 3 月 25 日所对应的日序为 84；则

0 ℃的持续天数＝321－84＋1＝238 d。

**表 9.4　日期序列表**

| 日期 | 1 月 | 2 月 | 3 月 | 4 月 | 5 月 | 6 月 | 7 月 | 8 月 | 9 月 | 10 月 | 11 月 | 12 月 |
|---|---|---|---|---|---|---|---|---|---|---|---|---|
| 1 | 1 | 32 | 60 | 91 | 121 | 152 | 182 | 213 | 244 | 274 | 305 | 335 |
| 2 | 2 | 33 | 61 | 92 | 122 | 153 | 183 | 214 | 245 | 275 | 306 | 336 |
| 3 | 3 | 34 | 62 | 93 | 123 | 154 | 184 | 215 | 246 | 276 | 307 | 337 |
| 4 | 4 | 35 | 63 | 94 | 124 | 155 | 185 | 216 | 247 | 277 | 308 | 338 |
| 5 | 5 | 36 | 64 | 95 | 125 | 156 | 186 | 217 | 248 | 278 | 309 | 339 |
| 6 | 6 | 37 | 65 | 96 | 126 | 157 | 187 | 218 | 249 | 279 | 310 | 340 |
| 7 | 7 | 38 | 66 | 97 | 127 | 158 | 188 | 219 | 250 | 282 | 311 | 341 |
| 8 | 8 | 39 | 67 | 98 | 128 | 159 | 189 | 220 | 251 | 281 | 312 | 342 |
| 9 | 9 | 40 | 68 | 99 | 129 | 160 | 190 | 221 | 252 | 282 | 313 | 343 |
| 10 | 10 | 41 | 69 | 100 | 130 | 161 | 191 | 222 | 253 | 283 | 314 | 344 |
| 11 | 11 | 42 | 70 | 101 | 131 | 162 | 192 | 223 | 254 | 284 | 315 | 345 |
| 12 | 12 | 43 | 71 | 102 | 132 | 163 | 193 | 224 | 255 | 285 | 316 | 346 |
| 13 | 13 | 44 | 72 | 103 | 133 | 164 | 194 | 225 | 256 | 286 | 317 | 347 |
| 14 | 14 | 45 | 73 | 104 | 134 | 165 | 195 | 226 | 257 | 287 | 318 | 348 |
| 15 | 15 | 46 | 74 | 105 | 135 | 166 | 196 | 227 | 258 | 288 | 319 | 349 |
| 16 | 16 | 47 | 75 | 106 | 136 | 167 | 197 | 228 | 259 | 289 | 320 | 350 |
| 17 | 17 | 48 | 76 | 107 | 137 | 168 | 198 | 229 | 260 | 290 | 321 | 351 |
| 18 | 18 | 49 | 77 | 108 | 138 | 169 | 199 | 230 | 261 | 291 | 322 | 352 |

续表

| 日期 | 1月 | 2月 | 3月 | 4月 | 5月 | 6月 | 7月 | 8月 | 9月 | 10月 | 11月 | 12月 |
|---|---|---|---|---|---|---|---|---|---|---|---|---|
| 19 | 19 | 50 | 78 | 109 | 139 | 170 | 200 | 231 | 262 | 292 | 323 | 353 |
| 20 | 20 | 51 | 79 | 110 | 140 | 171 | 201 | 232 | 263 | 293 | 324 | 354 |
| 21 | 21 | 52 | 80 | 111 | 141 | 172 | 202 | 233 | 264 | 294 | 325 | 355 |
| 22 | 22 | 53 | 81 | 112 | 142 | 173 | 203 | 234 | 265 | 295 | 326 | 356 |
| 23 | 23 | 54 | 82 | 113 | 143 | 174 | 204 | 235 | 266 | 296 | 327 | 357 |
| 24 | 24 | 55 | 83 | 114 | 144 | 175 | 205 | 236 | 267 | 297 | 328 | 358 |
| 25 | 25 | 56 | 84 | 115 | 145 | 176 | 206 | 237 | 268 | 298 | 329 | 359 |
| 26 | 26 | 57 | 85 | 116 | 146 | 177 | 207 | 238 | 269 | 299 | 330 | 360 |
| 27 | 27 | 58 | 86 | 117 | 147 | 178 | 208 | 239 | 270 | 300 | 331 | 361 |
| 28 | 28 | 59 | 87 | 118 | 148 | 179 | 209 | 240 | 271 | 301 | 332 | 362 |
| 29 | 29 | | 88 | 119 | 149 | 180 | 210 | 241 | 272 | 302 | 333 | 363 |
| 30 | 30 | | 89 | 120 | 150 | 181 | 211 | 242 | 273 | 303 | 334 | 364 |
| 31 | 31 | | 90 | | 151 | | 212 | 243 | | 304 | | 365 |

4. 活动积温的计算

活动积温是某界限温度的持续期内≥界限温度的日平均温度之和；有效积温是该持续期内有效温度之和。

## 作业

1. 气象资料的基本要求有哪些？
2. 如何绘制风速、风向频率玫瑰图？
3. 如何绘制积温列线图？

# 农业气象学教学实习

## 一、实习目的和要求

了解和掌握各种所需仪器的工作原理、构造特点、安装要求、使用及一般的维护方法，以及观测数据的整理、各种表格和图表的制作，地面气象要素和小气候气象要素的时空分布规律和变化特点的分析方法。要求掌握正确读数，规范记录，学会制作适当的数据处理图表，分析与比较观测数据，并将分析结果与气象要素原来特有的时空分布规律和变化特点进行比较。

## 二、地面气象观测

### (一)观测场环境要求

地面气象观测场是获取地面气象资料的主要场所，地点应选择在四周平坦空旷、无任何障碍物且能够反映本地较大范围气象要素特点和区域土壤特性的地方，尽量避免高山、洼地、丛林、高大建筑物、公路、工矿等局部地形的影响。在城市或工矿区设立观测场地应选择在最经常出现风向的上风方，观测场边缘与四周孤立障碍物的距离应至少是该障碍物高度的三倍以上，距成排障碍物高度10倍以上。为保证气流畅通，观测场四周10 m范围内不能种植高秆作物。设在高山、海岛或丘陵山区的站点，由于客观环境条件限制或设站目的不同，观测场地的选择可参照上述要求灵活掌握。

### (二)观测场内仪器的布置

观测场内仪器布置的基本原则是各仪器互不影响，便于观测和操作。具体要求如下。

1. 高的仪器安置在北面，低的仪器依次向南安置，仪器东西向排列成行，南北向相互交错。

2. 仪器之间南北间距不小于3 m，东西距离不小于4 m。仪器距围栏不小于3 m。

3. 观测场入口设在北面。仪器应安置在紧靠东西向小路的南面，观测人员应从北面接近仪器。

4. 各类仪器安置的高度、深度、方位、纬度、角度应符合“规范”的要求。详见表1。

表1 仪器安置要求与允许误差范围

| 仪器名称 | 要求与允许误差范围 | | 标准部位 |
|---|---|---|---|
| | 要求 | 允许误差范围 | |
| 百叶箱通风干湿表 | 高度 1.5 m | ±5 cm | 感应部分中心 |
| 干湿球温度表 | 高度 1.5m | ±5 cm | 感应部分中心 |
| 最高温度表 | 高度 1.53 m | ±5 cm | 感应部分中心 |
| 最低温度表 | 高度 1.52 m | ±5 cm | 感应部分中心 |
| 温度计 | 高度 1.5 m | ±5 cm | 感应部分中心 |
| 雨量器 | 高度 70 cm | ±3 cm | 口缘 |
| 虹吸雨量计 | 仪器自身高度 | | |
| 遥测雨量计 | 仪器自身高度 | | |
| 小型蒸发器 | 高度 70 cm | ±3 cm | 口缘 |
| 蒸发器 | 高度 30 cm | ±1 cm | 口缘 |
| 地面温度表,地面最高、最低温度表 | 感应部分和表身埋入土中一半 | | |
| 曲管地温表 | 深度 5 cm、10 cm、15 cm、20 cm<br>倾斜角 45° | ±1 cm<br>±5° | 感应部分中心<br>表身与地面 |
| 直管地温表 | 深度 40 cm、80 cm<br>深度 160 cm<br>深度 320 cm | ±3 cm<br>±5 cm<br>±10 cm | 感应部分中心 |
| 冻土器 | 深度 50~350 cm | ±3 cm | 内筒零线 |
| 日照计 | 高度以便于操作为准,<br>纬度以本站纬度为准,方位正北 | 经度:±0.5°<br>方位:±5° | 底座南北线 |
| 风速器 | 安在观测场内高度 10~20 m | | 风杯中心 |
| 风向器 | 方位正南 | ±5° | 方位指南杆 |
| 积冰架 | 上导线高度 2.2 m | ±3 cm | 导线水平面 |
| 水银气压表(定槽) | 高度以便于操作为准 | | 水银槽盒中线 |
| 水银气压表(动槽) | 高度以便于操作为准 | | 象牙针尖 |
| 气压计 | 高度以便于操作为准 | | |
| 日射仪器 | 高度 1.5 m | | 感应面 |

### (三)观测项目及观测程序

1. 观测项目

观测项目主要有气温、气压、空气湿度、风向、风速、地面温度、降水量、蒸发量、日照时数、积雪、辐射等。

2. 观测程序和要求

为使各观测站观测记录具有比较性,中国气象局统一规定了各气象要素的观测时间和顺序。原则是先观测在短时间内变化不太大的气象要素,接近正点时观测易变化的要素。详见表 2。

**表 2　定时气象观测程序表**

| 北京时 | | 定时观测项目及观测顺序 |
| --- | --- | --- |
| 定时观测时间 | | |
| 08、14、20、02 | 正点前 30 分 | 巡视仪器及观测准备工作,特别注意湿球湿润或融冰 |
| 08、14、20、02 | 正点前 20 分—正点 | 云、能见度、天气现象、空气温度和湿度、风、气压、0～40 cm 地温 |
| 08 | | 降水、冻土、雪深、换降水自记纸 |
| 14 | | 0.8 cm、1.6 cm、3.2 m 地温,换气压、温度、湿度自记纸,13 时换电接风自记纸 |
| 20 | | 降水、蒸发、最高、最低气温和地面最高、最低温度,并调整以上温度表 |
| 日落后天黑前 | | 换日照纸 |

## 三、小气候观测

不同下垫面形成各种不同的小气候,因而小气候观测种类也多种多样。实习时根据具体需要和实际情况制定观测方案,必须遵循小气候观测的基本原则和方法。具体而言,温室小气候观测同实验五,农田小气候观测同实验六,农田防护林小气候观测同实验七。本次实习以农田小气候观测为例,来达到实习目的。

### (一)观测项目及所需仪器

1. 观测项目

从实际出发,考虑人力、仪器设备条件,保证必须观测项目的观测。一般观测的项目有:不同高度的空气温度和空气湿度;不同深度的土壤温度和土壤湿度;太阳辐射和光照强度;风向风速;云量、云状;天气现象等,以及作物发育期、植株高度等。

2. 所需仪器

(1)农田中太阳辐射垂直分布观测仪器：天空辐射表、管状辐射表、净辐射表、照度计、微安电流表、辐射观测架、万向吊架和测杆。

(2)农田空气温湿度观测仪器：通风干湿表、干湿球温度表、测杆、温度保护罩。

(3)土壤温度观测仪器：地面温度表、曲管地温表或插入式地温表、最高、最低温度表。

(4)农田中风向风速观测：三杯轻便风向风速表、热球微风仪。

### (二)观测时间和程序

1. 观测时间

农田小气候观测不需要长时间逐日观测，一般根据观测目的可结合作物的生育期选择不同天气类型进行全日连续观测，晴天小气候效应最明显。

在观测期间，一般每隔 1 h、2 h、3 h 或 6 h 观测一次，大多采用定时观测。除太阳辐射观测采用真太阳时外，其余要素观测均采用地方平太阳时。此外，还要考虑到小气候资料和大气候资料进行对比，应有 1 次到 4 次的观测时间与气象台站的观测时间相同。观测均以 20 时为观测日界，以 20 时开始观测和 20 时结束观测。

2. 观测程序

通常小气候观测内容包括器测(前面实验已叙述)和目测两部分。器测部分在前面实验已叙述，这里不再赘述。目测内容有：天气现象、地面状况、半球型天空和天顶部分的云状云量、太阳视面等。

天气现象指雨、雪、冰雹、雷电、雾、大风、扬沙和炊烟等；地面状况指干、湿、积水、积雪等。记录这类现象是为了解观测期间的大气和地面的物理性质及其变化。

天气类型是以总云量来划分的。云量是指将天空划分为 10 份，云所占的份数(如云蔽天空 6 份，云量为 6)。云量 0～2 为晴天，3～7 为昙天，8～10 为阴天。有些情况下，特别是辐射和光照强度观测时，云状云量并不能完全反映天空状况对观测过程的影响。如云量为 2，但仪器处于云影，这时观测记录将不能视为晴天的资料来处理。每次观测开始和结束时都应将日光(太阳视面)情况记录下来，作为整理和分析资料的参考。

根据云状和云的物理性质，通常将太阳视面分为四种类型：$\odot^2$—太阳视面无云；$\odot^1$—有薄云，地物影子清晰；$\odot^0$—云层较密，影子模糊；Π—云层厚密，无影子。

由于一个观测点上往往有较多的观测项目，观测一遍需要较长时间。为消除时间差异，必须采用往返观测法，各观测项目的数据应为正点前后两次观测读数的平均值。

通常正点观测时间提前 10 min 开始，至正点后 10 min 终止。准备工作的时间应提前在正点 10 min 以前完成。一次观测的持续时间一般不能超过 20 min，尤其是在小气候要素时间变化较大的时候。

以下说明一个观测点的具体观测程序：

(1)正点前 15 min，悬挂通风干湿表和 1 m 处风速表，巡视检查各仪器；

(2)观察天气现象、云况、太阳视面和地面状况；

(3)正点前 4 min，自下而上对通风干湿表加水、上发条；

(4)启动风速表；

(5)正点前 1 min 开始对通风干湿表读数(迅速而不间断地自下而上、再自上而下往返读数各 1 次)；

(6)观测地温，按 0 cm、5 cm、10 cm、15 cm、20 cm 的顺序读数。在 20 时加测地面最高温度表并调整，08 时加测地面最低温度表并收回，20 时观测项目全部结束后，将地面最低温度表调整好后放回原处；

(7)记录风速，第二次启动风速表；

(8)测定光照强度(连续两次)；

(9)记录第二次风速，观测风向；

(10)通风干湿表和风速表收箱置于荫蔽处，查算空气相对湿度。

## 四、观测数据的整理与分析

1. 审核原始记录，判断其合理性，确认数据无误后，进行器差订正。将记录填在资料整理表中(每个测点填一份整理表)，求出平均值、日较差查算相对湿度等工作。

2. 将整理好的资料绘制成各要素随时间变化图(以时间为横轴、要素为纵轴)和空间分布图(以要素为横轴、高度或深度为纵轴)。

3. 以时间和空间分布图分析各要素随时间、高度或深度的变化规律，并对各测点进行比较、分析，找出不同测点小气候特征的差异，结合理论深入而全面分析并说明原因。当发现分析结果与普遍规律不一致时，应深入寻找原因，或肯定、或否定，进行必要的描述。

### 作业

1. 观测场选址应注意哪些问题？
2. 观测场内仪器应如何布置？
3. 地面气象观测主要包括哪些项目？
4. 地面气象观测的基本程序是什么？
5. 根据观测数据的整理和分析，详细而完整地撰写出一份实习报告。

# 参考文献

姜会飞,2009. 农业气象观测与数据分析[M]. 北京:科学出版社.

吕新,塔依尔,2006. 气象及农业气象实验实习指导[M]. 北京:气象出版社.

潘守文,1989. 小气候考察的理论基础及其应用[M]. 北京:气象出版社.

姚渝丽,段若溪,2016. 农业气象实习指导(修订版)[M]. 北京:气象出版社.

中国气象局,1993. 农业气象观测规范(上、下卷)[M]. 北京:气象出版社.

中国气象局,2003. 地面气象观测规范[M]. 北京:气象出版社.

中国气象局,2006. 湿度查算表(甲种本)[M]. 北京:气象出版社.

# 附录 1　饱和水汽压($e_s$)查算表

| $t'$小数部分(℃) / $e_s$ / $t'$整数部分(℃) | 0.0 | 0.1 | 0.2 | 0.3 | 0.4 | 0.5 | 0.6 | 0.7 | 0.8 | 0.9 |
|---|---|---|---|---|---|---|---|---|---|---|
| 过冷却水面上饱和水汽压表(hPa) | | | | | | | | | | |
| −9 | 3.09 | 3.07 | 3.05 | 3.02 | 3.00 | 2.98 | 2.95 | 2.93 | 2.91 | 2.88 |
| −8 | 3.34 | 3.32 | 3.29 | 3.27 | 3.24 | 3.22 | 3.19 | 3.17 | 3.14 | 3.12 |
| −7 | 3.61 | 3.59 | 3.36 | 3.53 | 3.51 | 3.48 | 3.45 | 3.43 | 3.40 | 3.37 |
| −6 | 3.90 | 3.87 | 3.84 | 3.82 | 3.79 | 3.76 | 3.73 | 3.70 | 3.67 | 3.64 |
| −5 | 4.21 | 4.18 | 4.15 | 4.12 | 4.09 | 4.06 | 4.03 | 4.00 | 3.96 | 3.93 |
| −4 | 5.54 | 4.51 | 4.48 | 4.44 | 4.41 | 4.38 | 4.54 | 4.31 | 4.28 | 4.24 |
| −3 | 4.90 | 4.86 | 4.82 | 4.79 | 4.75 | 4.72 | 4.68 | 4.65 | 4.61 | 4.58 |
| −2 | 5.27 | 5.24 | 5.20 | 5.16 | 5.12 | 5.08 | 5.05 | 5.01 | 4.97 | 4.93 |
| −1 | 5.68 | 5.64 | 5.60 | 5.56 | 5.51 | 5.47 | 5.43 | 5.39 | 5.35 | 5.31 |
| −0 | 6.11 | 6.06 | 6.02 | 5.98 | 5.93 | 5.89 | 5.85 | 5.81 | 5.76 | 5.72 |
| 水面上饱和水汽压表(hPa) | | | | | | | | | | |
| 0 | 6.1 | 6.2 | 6.2 | 6.2 | 6.3 | 6.3 | 6.4 | 6.4 | 6.5 | 6.5 |
| 1 | 6.6 | 6.6 | 6.7 | 6.7 | 6.8 | 6.8 | 6.9 | 6.9 | 7.0 | 7.0 |
| 2 | 7.0 | 7.1 | 7.2 | 7.2 | 7.3 | 7.3 | 7.4 | 7.4 | 7.5 | 7.5 |
| 3 | 7.6 | 7.6 | 7.7 | 7.7 | 7.8 | 7.8 | 7.9 | 8.0 | 8.0 | 8.1 |
| 4 | 8.1 | 8.2 | 8.1 | 8.3 | 8.4 | 8.4 | 8.5 | 8.5 | 8.6 | 8.7 |
| 5 | 8.7 | 8.8 | 8.8 | 8.9 | 9.0 | 9.0 | 9.1 | 9.2 | 9.2 | 9.3 |
| 6 | 9.4 | 9.4 | 9.5 | 9.5 | 9.6 | 9.7 | 9.7 | 9.8 | 9.9 | 10.0 |
| 7 | 10.0 | 10.1 | 10.2 | 10.2 | 10.3 | 10.4 | 10.4 | 10.5 | 10.6 | 10.6 |
| 8 | 10.7 | 10.8 | 10.9 | 11.0 | 11.0 | 11.1 | 11.2 | 11.2 | 11.3 | 11.4 |

续表

| $t'$小数部分(℃) / $e_s$ / $t'$整数部分(℃) | 0.0 | 0.1 | 0.2 | 0.3 | 0.4 | 0.5 | 0.6 | 0.7 | 0.8 | 0.9 |
|---|---|---|---|---|---|---|---|---|---|---|
| 水面上饱和水汽压表(hPa) | | | | | | | | | | |
| 9 | 11.5 | 11.6 | 11.6 | 11.7 | 11.8 | 11.9 | 12.0 | 12.0 | 12.1 | 12.2 |
| 10 | 12.3 | 12.4 | 12.4 | 12.5 | 12.6 | 12.7 | 12.8 | 12.9 | 13.0 | 13.0 |
| 11 | 13.1 | 13.2 | 13.3 | 13.4 | 13.5 | 13.6 | 13.7 | 13.8 | 13.8 | 13.9 |
| 12 | 14.0 | 14.1 | 14.2 | 14.3 | 14.4 | 14.5 | 14.6 | 14.7 | 14.8 | 14.9 |
| 13 | 15.0 | 15.1 | 15.2 | 15.3 | 15.4 | 15.5 | 15.6 | 15.7 | 15.8 | 15.9 |
| 14 | 16.0 | 16.1 | 16.2 | 16.3 | 16.4 | 16.5 | 16.9 | 16.7 | 16.8 | 17.0 |
| 15 | 17.1 | 17.2 | 17.3 | 17.4 | 17.5 | 17.6 | 17.7 | 17.8 | 18.0 | 18.1 |
| 16 | 18.2 | 18.3 | 18.4 | 18.5 | 18.7 | 18.8 | 18.9 | 19.0 | 19.1 | 19.3 |
| 17 | 19.4 | 19.5 | 19.6 | 19.8 | 19.9 | 20.0 | 20.1 | 20.3 | 20.4 | 20.5 |
| 18 | 20.6 | 20.8 | 20.9 | 21.0 | 21.2 | 21.3 | 21.4 | 21.6 | 21.7 | 21.8 |
| 19 | 22.0 | 22.1 | 22.3 | 22.4 | 22.5 | 22.7 | 22.8 | 23.0 | 23.1 | 23.2 |
| 冰面上饱和水汽压表(hPa) | | | | | | | | | | |
| −9 | 2.86 | 2.84 | 2.81 | 2.79 | 2.76 | 2.74 | 2.71 | 2.69 | 2.67 | 2.64 |
| −8 | 3.12 | 3.09 | 3.07 | 3.04 | 3.02 | 2.99 | 2.76 | 2.96 | 2.91 | 2.88 |
| −7 | 3.40 | 3.37 | 3.34 | 3.32 | 3.29 | 3.26 | 3.23 | 3.20 | 3.18 | 3.15 |
| −6 | 3.70 | 3.67 | 3.64 | 3.61 | 3.58 | 3.55 | 3.52 | 3.49 | 3.46 | 3.43 |
| −5 | 4.03 | 4.00 | 3.97 | 3.93 | 3.90 | 3.87 | 3.84 | 3.80 | 3.77 | 3.74 |
| −4 | 4.39 | 4.35 | 4.31 | 4.28 | 4.25 | 4.21 | 4.17 | 4.41 | 4.10 | 4.07 |
| −3 | 4.77 | 4.73 | 4.69 | 4.65 | 4.62 | 4.58 | 4.54 | 4.50 | 4.46 | 4.43 |
| −2 | 5.18 | 5.14 | 5.10 | 5.06 | 5.02 | 4.98 | 4.93 | 4.89 | 4.85 | 4.81 |
| −1 | 5.63 | 5.58 | 5.54 | 5.49 | 5.45 | 5.40 | 5.36 | 5.32 | 5.27 | 5.23 |
| −0 | 6.11 | 6.06 | 6.01 | 5.96 | 5.91 | 5.86 | 5.82 | 5.77 | 5.72 | 5.67 |

# 附录 2　露点温度查算表(℃)

| $e$（整数部分） \ $t_d$ \ $e$（小数部分） | 0.0 | 0.1 | 0.2 | 0.3 | 0.4 | 0.5 | 0.6 | 0.7 | 0.8 | 0.9 |
|---|---|---|---|---|---|---|---|---|---|---|
| 0 | <−52.7 | −52.7 | −42.4 | −37.4 | −33.9 | −31.3 | −29.2 | −27.4 | −25.8 | −24.4 |
| 1 | −23.1 | −22.0 | −21.0 | −20.0 | −19.1 | −18.3 | −17.5 | −16.7 | −16.0 | −15.4 |
| 2 | −14.7 | −14.1 | −13.5 | −13.0 | −12.4 | −11.9 | −11.4 | −10.9 | −10.5 | −10.0 |
| 3 | −9.6 | −9.2 | −8.7 | −8.3 | −7.9 | −7.6 | −7.2 | −6.8 | −6.5 | −6.1 |
| 4 | −5.8 | −5.5 | −5.2 | −4.8 | −4.5 | −4.2 | −3.9 | −3.7 | −3.4 | −3.1 |
| 5 | −2.8 | −2.6 | −2.3 | −2.0 | −1.8 | −1.5 | −1.3 | −1.0 | −0.8 | −0.6 |
| 6 | −0.3 | 0.0 | 0.1 | 0.4 | 0.6 | 0.8 | 1.0 | 1.2 | 1.4 | 1.6 |
| 7 | 1.8 | 2.1 | 2.2 | 2.4 | 2.6 | 2.8 | 3.0 | 3.2 | 3.4 | 3.6 |
| 8 | 3.7 | 3.9 | 4.1 | 4.3 | 4.4 | 4.6 | 4.8 | 4.9 | 5.1 | 5.3 |
| 9 | 5.4 | 5.6 | 5.7 | 5.9 | 6.0 | 6.2 | 6.4 | 6.5 | 6.7 | 6.8 |
| 10 | 6.9 | 7.1 | 7.2 | 7.4 | 7.5 | 7.7 | 7.8 | 8.0 | 8.1 | 8.2 |
| 11 | 8.3 | 8.5 | 8.6 | 8.8 | 8.9 | 9.0 | 9.1 | 9.3 | 9.4 | 9.5 |
| 12 | 9.6 | 9.8 | 9.9 | 10.0 | 10.1 | 10.3 | 10.4 | 10.5 | 10.6 | 10.7 |
| 13 | 10.8 | 11.0 | 11.1 | 11.2 | 11.3 | 11.4 | 11.5 | 11.6 | 11.7 | 11.9 |
| 14 | 12.0 | 12.1 | 12.2 | 12.3 | 12.4 | 12.5 | 12.6 | 12.7 | 12.8 | 12.9 |
| 15 | 13.0 | 13.1 | 13.2 | 13.3 | 13.4 | 13.5 | 13.6 | 13.7 | 13.8 | 13.9 |
| 16 | 14.0 | 14.1 | 14.2 | 14.3 | 14.4 | 14.5 | 14.6 | 14.7 | 14.8 | 14.8 |
| 17 | 14.9 | 15.0 | 15.1 | 15.2 | 15.3 | 15.4 | 15.5 | 15.6 | 15.7 | 15. |
| 18 | 15.8 | 15.9 | 16.0 | 16.1 | 16.2 | 16.3 | 16.3 | 16.4 | 16.5 | 16.6 |
| 19 | 16.7 | 16.8 | 16.8 | 16.9 | 17.0 | 17.1 | 17.2 | 17.2 | 17.3 | 17.4 |
| 20 | 17.5 | 17.6 | 17.6 | 17.7 | 17.8 | 17.9 | 18.0 | 18.0 | 18.1 | 18.2 |
| 21 | 18.3 | 18.3 | 18.4 | 18.5 | 18.6 | 18.6 | 18.7 | 18.8 | 18.9 | 18.9 |

续表

| $e$（小数部分）<br>$t_d$<br>$e$（整数部分） | 0.0 | 0.1 | 0.2 | 0.3 | 0.4 | 0.5 | 0.6 | 0.7 | 0.8 | 0.9 |
|---|---|---|---|---|---|---|---|---|---|---|
| 22 | 19.0 | 19.1 | 19.1 | 19.2 | 19.3 | 19.4 | 19.4 | 19.5 | 19.6 | 19.6 |
| 23 | 19.7 | 19.8 | 19.9 | 19.9 | 20.0 | 20.1 | 20.1 | 20.2 | 20.3 | 20.3 |
| 24 | 20.4 | 20.5 | 20.5 | 20.6 | 20.7 | 20.7 | 20.8 | 20.9 | 20.9 | 21.0 |
| 25 | 21.1 | 21.1 | 21.2 | 21.2 | 21.3 | 21.4 | 21.4 | 21.5 | 21.6 | 21.6 |
| 26 | 21.7 | 21.8 | 21.8 | 21.9 | 21.9 | 22.0 | 22.1 | 22.1 | 22.2 | 22.3 |
| 27 | 22.3 | 22.4 | 22.4 | 22.5 | 22.6 | 22.6 | 22.7 | 22.7 | 22.8 | 22.9 |
| 28 | 22.9 | 23.0 | 23.0 | 23.1 | 23.1 | 23.2 | 23.3 | 23.3 | 23.4 | 23.4 |
| 29 | 23.5 | 23.5 | 23.6 | 23.7 | 23.7 | 23.8 | 23.8 | 23.9 | 23.9 | 24.0 |
| 30 | 24.1 | 24.1 | 24.2 | 24.2 | 24.3 | 24.3 | 24.4 | 24.4 | 24.5 | 24.5 |
| 31 | 24.6 | 24.7 | 24.7 | 24.8 | 24.8 | 24.9 | 24.9 | 25.0 | 25.0 | 25.1 |
| 32 | 25.1 | 25.2 | 25.2 | 25.3 | 25.3 | 25.4 | 25.4 | 25.5 | 25.5 | 25.6 |
| 33 | 25.7 | 25.7 | 25.8 | 25.8 | 25.9 | 25.9 | 26.0 | 26.0 | 26.1 | 26.1 |
| 34 | 26.2 | 26.2 | 26.3 | 26.3 | 26.4 | 26.4 | 26.5 | 26.5 | 26.6 | 26.6 |
| 35 | 26.6 | 26.7 | 26.7 | 26.8 | 26.8 | 26.9 | 26.9 | 27.0 | 27.0 | 27.1 |
| 36 | 27.1 | 27.2 | 27.2 | 27.3 | 27.3 | 27.4 | 27.4 | 27.5 | 27.5 | 27.5 |
| 37 | 27.6 | 27.6 | 27.7 | 27.7 | 27.8 | 27.8 | 27.9 | 27.9 | 28.0 | 28.0 |
| 38 | 28.1 | 28.1 | 28.1 | 28.2 | 28.2 | 28.3 | 28.3 | 28.4 | 28.4 | 28.5 |
| 39 | 28.5 | 28.5 | 28.6 | 28.6 | 28.7 | 28.7 | 28.8 | 28.8 | 28.9 | 28.9 |
| 40 | 28.9 | 29.0 | 29.0 | 29.1 | 29.1 | 29.2 | 29.2 | 29.2 | 28.3 | 29.3 |
| 41 | 29.4 | 29.4 | 29.5 | 29.5 | 29.5 | 29.6 | 29.6 | 29.7 | 29.7 | 29.7 |
| 42 | 29.8 | 29.8 | 29.9 | 29.9 | 30.0 | 30.0 | 30.0 | 30.1 | 30.1 | 30.2 |
| 43 | 30.2 | 30.2 | 30.3 | 30.3 | 30.4 | 30.4 | 30.4 | 30.5 | 30.5 | 30.6 |
| 44 | 30.6 | 30.6 | 30.7 | 30.7 | 30.8 | 30.8 | 30.8 | 30.9 | 30.9 | 31.0 |
| 45 | 31.0 | 31.0 | 31.1 | 31.1 | 31.2 | 31.2 | 31.2 | 31.3 | 31.3 | 31.3 |
| 46 | 31.4 | 31.4 | 31.5 | 31.5 | 31.5 | 31.6 | 31.6 | 31.7 | 31.7 | 31.7 |
| 47 | 31.8 | 31.8 | 31.8 | 31.9 | 31.9 | 32.0 | 32.0 | 32.0 | 32.1 | 32.1 |

续表

| $e$（小数部分）<br>$t_d$<br>$e$（整数部分） | 0.0 | 0.1 | 0.2 | 0.3 | 0.4 | 0.5 | 0.6 | 0.7 | 0.8 | 0.9 |
|---|---|---|---|---|---|---|---|---|---|---|
| 48 | 32.1 | 32.2 | 32.2 | 32.3 | 32.3 | 32.3 | 32.4 | 32.4 | 32.4 | 32.5 |
| 49 | 32.5 | 32.5 | 32.6 | 32.6 | 32.7 | 32.7 | 32.7 | 32.8 | 32.8 | 32.8 |
| 50 | 32.9 | 32.9 | 32.9 | 33.0 | 33.0 | 33.0 | 33.1 | 33.1 | 33.2 | 33.2 |
| 51 | 33.2 | 33.3 | 33.3 | 33.3 | 33.4 | 33.4 | 33.4 | 33.5 | 33.5 | 33.5 |
| 52 | 33.6 | 33.6 | 33.6 | 33.7 | 33.7 | 33.7 | 33.8 | 33.8 | 33.8 | 33.9 |
| 53 | 33.9 | 33.9 | 34.0 | 34.0 | 34.0 | 34.1 | 34.1 | 34.1 | 34.2 | 34.2 |
| 54 | 34.2 | 34.3 | 34.3 | 34.3 | 34.4 | 34.4 | 34.4 | 34.5 | 34.5 | 34.5 |
| 55 | 34.6 | 34.6 | 34.6 | 34.7 | 34.7 | 34.7 | 34.8 | 34.8 | 34.8 | 34.9 |
| 56 | 34.9 | 34.9 | 35.0 | 35.0 | 35.0 | 35.1 | 35.1 | 35.1 | 35.2 | 35.2 |
| 57 | 35.2 | 35.3 | 35.3 | 35.3 | 35.3 | 35.4 | 35.4 | 35.4 | 35.5 | 35.5 |
| 58 | 35.5 | 35.6 | 35.6 | 35.6 | 35.7 | 35.7 | 35.7 | 35.8 | 35.8 | 35.8 |
| 59 | 35.8 | 35.9 | 35.9 | 35.9 | 36.0 | 36.0 | 36.0 | 36.1 | 36.1 | 36.1 |
| 60 | 36.2 | 36.2 | 36.2 | 36.2 | 36.3 | 36.3 | 36.3 | 36.4 | 36.4 | 36.4 |
| 61 | 36.5 | 36.5 | 36.5 | 36.5 | 36.6 | 36.6 | 36.6 | 36.7 | 36.7 | 36.7 |
| 62 | 36.7 | 36.8 | 36.8 | 36.8 | 36.9 | 36.9 | 36.9 | 37.0 | 37.0 | 37.0 |
| 63 | 37.0 | 37.1 | 37.1 | 37.1 | 37.2 | 37.2 | 37.2 | 37.2 | 37.3 | 37.3 |
| 64 | 37.3 | 37.4 | 37.4 | 37.4 | 37.4 | 37.5 | 37.5 | 37.5 | 37.6 | 37.6 |
| 65 | 37.6 | 37.6 | 37.7 | 37.7 | 37.7 | 37.8 | 37.8 | 37.8 | 37.8 | 37.9 |
| 66 | 37.9 | 37.9 | 38.0 | 38.0 | 38.0 | 38.0 | 38.1 | 38.1 | 38.1 | 38.2 |
| 67 | 38.2 | 33.2 | 38.2 | 38.3 | 38.3 | 38.3 | 38.3 | 38.4 | 38.4 | 38.4 |
| 68 | 38.4 | 38.5 | 38.5 | 38.5 | 38.6 | 38.6 | 38.6 | 38.6 | 38.7 | 38.7 |
| 69 | 38.7 | 38.7 | 38.8 | 38.8 | 38.8 | 38.9 | 38.9 | 38.9 | 38.9 | 39.0 |